微光

PSYCH 101
人人都能懂的心理学

Psychology
Facts, Basics, Statistics, Tests and More!

[美] 保罗·克雷曼 著
苗华建 译

当代中国出版社
Contemporary China Publishing House

版权合同登记号 图字：01-2021-0148

图书在版编目（CIP）数据

人人都能懂的心理学 /（美）保罗·克雷曼(Paul Kleinman) 著 ; 苗华建译 . -- 北京：当代中国出版社 , 2023.7

书名原文 : PSYCH 101：Psychology Facts，Basics，Statistics，Tests and More！

ISBN 978-7-5154-1262-7

Ⅰ . ①人… Ⅱ . ①保… ②苗… Ⅲ . ①心理学—普及读物 Ⅳ . ① B84-49

中国国家版本馆 CIP 数据核字（2023）第 085631 号

出 版 人 冀祥德
策划编辑 隋 丹
责任编辑 隋 丹 徐 芳
责任校对 贾云华
印刷监制 刘艳平
封面设计 鲁 娟 郝志燕
出版发行 当代中国出版社
地 址 北京市地安门西大街旌勇里 8 号
网 址 http://www.ddzg.net
邮政编码 100009
编 辑 部 （010）66572154
市 场 部 （010）66572281 66572157
印 刷 北京中科印刷有限公司
开 本 880 毫米 ×1230 毫米 1/32
印 张 10 印张 3 插页 210 千字
版 次 2023 年 7 月第 1 版
印 次 2023 年 7 月第 1 次印刷
定 价 68.00 元

题 记

献给莉琪

只有她可以应对我的疯狂

让我恢复理智

致谢

感谢我的家庭
感谢亚当斯媒体出版社的全体工作人员
他们一直在支持我
也要感谢世界上所有伟大的思想家
没有他们
就不会有这本书

序　言
什么是心理学？

心理学（Psychology）的词源构成：

Psyche：希腊语单词，意思是“神灵、灵魂和呼吸”。

Logia：希腊语单词，意思是“对某个事物的研究”。

心理学是一门研究心理和行为过程的科学。从事心理学研究工作的人基本上都试图回答这些问题：“什么因素会影响人的心理？”“如何看待世界？”这些简单的问题关联很多不同而复杂的课题，涉及情绪、思维过程、梦境、记忆、感知、性格、疾病以及相关的治疗。

心理学可以追溯到古希腊时期一些哲学家的思想，不过，德国心理学家威廉·冯特（Wilhelm Wundt）在1879年创建了第一个专门从事心理学研究的实验室，才标志着心理学的真正确立。从那个时候开始，心理学逐渐发展成一门真正的多元化学科，经常与其他学科的研究领域相互交叉，比如医学、遗传学、社会学、人类学、语言学、生物学，甚至还与体育、历史及爱的课题相互交叉。

所以，戴好你的思考帽①，让自己放松一些（比如斜靠在沙发

① “思考帽”代指“六顶思考帽”（Six Thinking Hats），它是爱德华·德·波诺（Edward de Bono）博士开发的一种思维训练模式。——编者

上），准备接受启迪，以一种自己还不知晓的方式去认识自己吧。不论是复习已经学过的知识，还是对书里的知识一无所知，都让我们开始阅读吧。欢迎翻开《人人都能懂的心理学》。

目　录

CONTENTS

伊万·巴甫洛夫　001
（1849—1936）

伯尔赫斯·弗雷德里克·斯金纳　007
（1904—1990）

西格蒙德·弗洛伊德　013
（1856—1939）

安娜·弗洛伊德　021
（1895—1982）

劳伦斯·科尔伯格　026
（1927—1987）

斯坦利·米尔格兰姆　030
（1933—1984）

阿尔弗雷德·阿德勒　037
（1870—1937）

基本的群体理论　041

菲利普·津巴多　046
（1933—　　）

所罗门·阿希　051
（1907—1996）

约翰·B. 华生　056
（1878—1958）

赫尔曼·罗夏　061
（1884—1922）

视觉感知　078

完形心理学　084

认知心理学　090

认知失调理论　098

内驱力减少理论　103

哈里·哈洛　107
（1905—1981）

让·皮亚杰　112
（1896—1980）

阿尔伯特·班杜拉　117
（1925—　　）

卡尔·罗杰斯　122
（1902—1987）

亚伯拉罕·马斯洛　126
（1908—1970）

智力理论　132

库尔特·勒温　138
（1890—1947）

卡尔·荣格　142
（1875—1961）

亨利·默里　147
（1893—1988）

左脑与右脑　152
爱　156
卡伦·霍妮　162
（1885—1952）
约翰·鲍尔贝　168
（1907—1990）
归因理论　174
情绪　180
性格　187
领导力理论　192
梦　196
艺术疗法　201
催眠　205
阿尔伯特·艾利斯　208
（1913—2007）
认知行为疗法　213
启发法　218
哈里·斯塔克·沙利文　221
（1892—1949）
神奇数字“7±2”　227
埃利希·弗洛姆　230
（1900—1980）
慈善的撒玛利亚人实验　235
人格障碍　239
分离性障碍　244

罗森汉实验　248
大卫·库伯的学习风格理论　252
焦虑症　257
玛丽·安斯沃斯和陌生情境实验　263
心境障碍　268
利维·维谷斯基　273
（1896—1934）
躯体形式障碍　277
虚假共识效应与虚假独特效应　281
应　激　285
自我差异理论　290
索　引　295
再版译后记　304

伊万·巴甫洛夫（1849—1936）

他研究了人类的好朋友

伊万·巴甫洛夫（Ivan Pavlov）1849 年 9 月 14 日出生于俄罗斯的梁赞地区。这位乡村牧师的儿子，在 1870 年之前从事神学研究。从 1870 年起，他放弃了宗教研究，进入圣彼得堡大学（University of St.Petersburg）学习生理学与化学。

1884 年至 1886 年，在著名的心血管生理学家卡尔·路德维希（Carl Ludwig）和肠胃生理学家鲁道夫·海登海因（Rudolf Heidenhain）的指导下，巴甫洛夫从事生理学专业的研究。到 1890 年，巴甫洛夫已经是一位技术娴熟的外科医生，并对血压的控制问题产生了兴趣。在不用任何麻醉药物的情况下，巴甫洛夫设法把导管几乎没有痛感地插入狗的股动脉，并且记录情绪和药物对血压状况的作用。不过，巴甫洛夫最有影响的研究成果，即以狗作为研究对象而创建的经典条件反射理论，当时还没有问世。

1890 年至 1924 年，伊万·巴甫洛夫以生理学教授的身份，在帝国医学科学院（Imperial Medical Academy）工作。在帝国医学科学院工作的最初十年里，他的工作重点是研究唾液分泌与消化之间的关系。通过对外科手术过程的观察，巴甫洛夫着手研究这个课题：在动物生命周期内，在健康状况下，它的肠胃是如何产生分泌物的。他主持了很多实验，证明了自主神经功能与神经系统之间的关系。巴甫洛夫通过这些研究工作，最终创建了一个他的最重要的理论，即条件反射理论。到 1930 年，巴甫洛夫开始运用条件反射理论的研究成果来解释人类精神病的起因。

博士定义

条件反射：

如果将一种刺激与另一种引起特定反应的刺激联系起来，那么，即便前者与特定反应并无直接关联，也会产生同样的特定反应。

巴甫洛夫的研究工作得到苏俄政府的褒扬和支持。

伊万·巴甫洛夫医生于 1936 年 2 月 27 日在列宁格勒去世。

伊万·巴甫洛夫获得的荣誉

巴甫洛夫医生的研究工作得到了极大的赞誉，其获得的主要荣誉如下。

◎ 当选为俄罗斯科学院通讯院士（1901 年）

◎ 获诺贝尔生理学与医学奖（1904 年）

◎ 获剑桥大学荣誉博士学位（1912 年）

◎ 获巴黎医学院颁发的荣誉军团勋章（1915 年）

经典条件反射理论——联想学习法

经典条件反射理论是伊万·巴甫洛夫最著名、最有影响的研究成果，它为行为心理学的创立奠定了坚实的基础。概括地说，经典条件反射理论就是通过联想方式达到学习的目的。巴甫洛夫确定了以下 4 个基本原则。

1. **无条件刺激。**刺激可以是任何行为、影响或者原因，其特征是能够激发特定的反应。无条件刺激的含义是：这种刺激能够自动激发某种特定反应。比如，花粉让人打喷嚏，花粉就是无条件刺激因素。

2. **无条件反应。**这种反应的含义是：作为无条件刺激的结果而自动产生的特定反应。概括地说，这是一种自然的、无条件的反应，无论面对何种刺激。比如，如果花粉让人打喷嚏，那么喷嚏就是无条件反应。

3. **条件刺激。**如果一种中性刺激（与特定反应没有关联的刺激）与一种无条件刺激发生关联，这种刺激就是条件刺激。

4. **条件反应。**这是原来的中性刺激所激发的反应。

听着是否有些糊涂？其实道理非常简单！请想象一下，如果听到一声巨响，你会不由自主地退缩。巨响激发了这种自然反应，巨响就是一种无条件刺激，退缩行为就是一种无条件反应，它是在无条件刺激作用下的一种不由自主的无意识行为。

好了，如果在相同场景（比如发出巨响）下或者略早时候，你不断看到某种特定的行为，比如有人挥拳砸向桌面，你或许会联想，挥拳行为可能与巨响存在着关联，因此，如果看到有人挥拳，你就会不由自主地退缩，即便此时并无巨响。挥拳动作（条件刺激）与无条件刺激（巨响）发生关联，导致你做出退缩的动作（条件反应）。

巴甫洛夫的狗

通过观察未经麻醉的狗，认识狗不规则的唾液分泌状况，伊万·巴甫洛夫医生构建了上述4个基本原则。巴甫洛夫的最初目标是研究狗的消化状况，具体的做法是：在狗的面前放置食物和非食物，然后分别测量狗分泌的唾液数量。

最终他发现，每当他的助手一走进房间，狗便流出唾液。巴甫洛夫开始以为，这是狗对助手身上穿的白色外套的反应，于是假设狗的唾液生成是对某种刺激物的反应，狗把白色外套看作食物的象征。巴甫洛夫进一步发现，只要把食物放到狗的面前，狗就生成唾液，这是一种无条件反射；狗看到白色外套就生成唾液，这是一种已知结果的，或者是无条件的反射行为。为了深入挖掘这个发现，巴甫洛夫实施了历史上最著名的科学实验：巴甫洛夫的狗的实验。

实验｜铃声为谁而响：实施条件反射实验

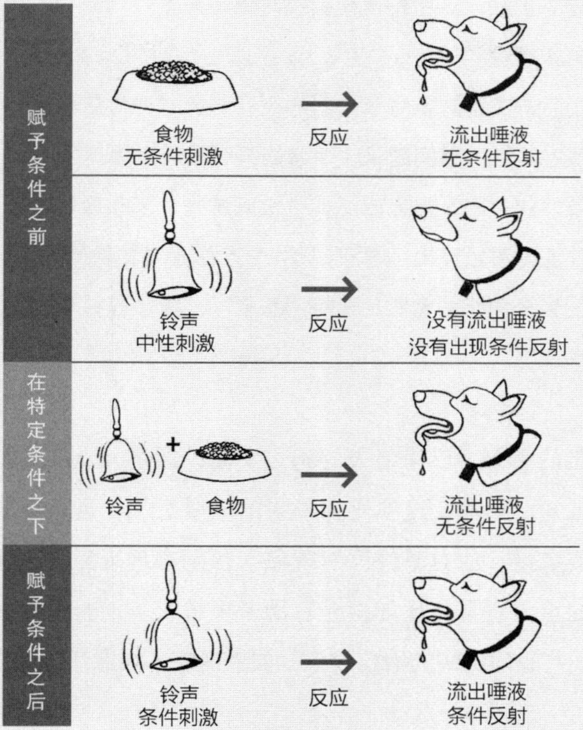

巴甫洛夫的狗实验

1. 条件反射实验的对象，是实验室里的狗。
2. 首先，选择一个无条件刺激物。在这个实验里，无条件刺激物是食物，它激发狗天然而自动的反应：流出唾液。这个实验用节拍器发出声音，以此作为中性刺激。
3. 观察设置条件前的实验对象，结果表明：狗看到食物会流出唾液，狗听到节拍器的声音，没有流出唾液。

4. 在实验过程里，实验对象不断与中性刺激物（节拍器的声音）接触，然后迅速让实验对象与无条件刺激物（食物）再次接触。
5. 稍后，实验对象将节拍器的声音与食物的供应联系起来。实验延续的时间越长，两者的关联就越牢固。
6. 条件的关联设置完成后，中性刺激物（节拍器的声音）也让实验对象流出了唾液，因为它产生了对食物的预期心理，能否真的吃到食物，已经不重要了。流出唾液成为一种条件反射。

著名的伊万·巴甫洛夫的狗之实验，通过大众文化的传播已经广为人知。然而，这项研究成果的重要意义，远远不止于测定狗的唾液数量。他对条件反射现象与预期心理现象的揭示，具有多方面的重大意义。比如，它有助于理解人类的行为模式，有助于提高某些心理疾病的治疗效果，如恐慌症、焦虑症和恐惧症等。

伯尔赫斯·弗雷德里克·斯金纳

（1904—1990）

结果才最重要

伯尔赫斯·弗雷德里克·斯金纳（Burrhus Frederic Skinner）1904 年 3 月 24 日出生于美国宾夕法尼亚州的萨斯奎汉纳（Susquehanna）。斯金纳的父亲是律师，母亲是家庭主妇。他的童年时代温暖而安宁，他有大量时间进行创造与发明，由此形成的性格使他终身受益。1916 年从汉密尔顿学院（Hamilton College）毕业后，斯金纳最初的志向是成为一名作家。在纽约一家书店做店员期间，他读到约翰·B. 沃森（John B. Watson）和伊万·巴甫洛夫的著作。两位科学家的思想深深地吸引了他，他决计搁置当作家的志向，并决定以心理学研究作为自己的职业。

斯金纳 24 岁时，进入哈佛大学心理学系，师从威廉·克罗齐（William Crozier），后者当时是新设立的心理学系的主任。克罗齐本人不是心理学家，但是，他对动物"总体"的行为研究有着浓厚的兴趣，这一研究方向与当时心理学家和生理学家选择的研究方向不同。克罗齐以及随后斯金纳选择的研究方向，不是研究动物自身的全部心理过程，而是强调对动物总体行为模式的研究。克罗齐的思想体系与斯金纳的研究兴趣非常吻合，斯金纳的研究兴趣是探索动物行为与实验条件的关系。斯金纳最重要也是最有影响的研究成果，是他提出的操作性条件的理论，并且创建了操作性条件反应实验室。这些重要的研究成果，均源于他的哈佛大学岁月。斯金纳在哈佛大学的研究工作，依然与行为模式相关，他把自己的研究成果传授给母校的历届学生，直到 1990 年去世，享年 86 岁。

斯金纳的主要荣誉

B. F. 斯金纳的研究成果对心理学产生了深远的影响，他的著作引起了学术界的广泛关注。以下是他获得的主要荣誉。

◎ 美国总统林顿 • B. 约翰逊（Lyndon B.Johnson）授予斯金纳“国家科学奖”（1968 年）

◎ 美国心理学基金会颁发的金奖（1971 年）

◎ 年度最佳人物奖（1972 年）

◎ 心理学终身杰出贡献奖（1990 年）

操作性条件与斯金纳箱

B. F. 斯金纳最重要的研究成果，是提出了操作性条件的理论。概括地说，操作性条件理论的含义是：人们对一个行为的认知，是根据这个行为的后果是获得奖励还是惩罚而确定的，并由此作为自己是否选择该行为的条件。操作性条件可以细分为以下 4 种类型。

1. **正强化条件：**由于得到积极的结果，某一行为得到强化，该行为重复发生的可能性增加。

2. **负强化条件：**由于避免或者阻止了消极结果，某一行为得到强化。

3. **处罚条件：**由于得到消极的结果，某一行为将会弱化，该行为重复发生的可能性减少。

4. **消退条件：**如果某一行为既没有产生积极结果，也没有产生消极结果，该行为将会弱化。

正强化条件和负强化条件可以强化某个特定行为，使该行为趋于再次发生，而处罚条件和消退条件可以弱化某个特定行为。

为了观察实际的操作性条件，B. F. 斯金纳实施了一个简单的实验，发明了操作性条件实验室，现在，人们习惯于把操作性条件实验室称作斯金纳箱。

实验 | 斯金纳箱和操作性条件

1. 首先，把一只饥饿的老鼠放入箱子。老鼠施压于箱内的杠杆，就能得到一块食物。老鼠很快就意识到，只要施压于杠杆，就能得到食物（正强化条件）。由于得到了积极的结果，施压于杠杆的行为得到了强化。
2. 然后，再把一只老鼠放入箱内，在它腿部施加一次轻微电击（负强化条件）。如果老鼠施压于杠杆，电击便会停止。然后再对老鼠腿部施加一次轻微电击。同样，如果老鼠再次施压于杠杆，电击又会停止。每次遭受电击，老鼠都意识到，想让电击停止，就要施压于杠杆。这是负强化条件的一个例子，老鼠慢慢地懂得，要想阻止某个负强化条件，需要采取特定的行为。

斯金纳箱

3. 把一只老鼠放入箱子，每次老鼠施压于杠杆，它的腿部就会经受一次轻微电击（负强化条件）。因为负强化条件的存在，每次施压于杠杆都会遭受电击，这个行为将被弱化。这是有关处罚条件的一个例子。
4. 现在，再把一只老鼠放入箱子。每次老鼠施压于杠杆后，既不给它食物也不施加电击。老鼠就不会把正强化条件和负强化条件与施压于杠杆的行为联系起来，于是，这个行为将被弱化。这是一个有关消退条件的例子。

斯金纳箱的不幸遗产

1943 年，怀孕的妻子让斯金纳做一张安全性更好的婴儿床。作为一个富有创造力的发明家，他制作了一张可以加温的婴儿床，床的四周围着一圈塑胶玻璃窗，他把这张床称作“宝宝的看护”。

斯金纳投给《妇女家庭杂志》（*Ladies' Home Journal*）一篇文章，杂志社表示同意刊登，文章的标题是《箱子里的宝宝》。随着斯金纳操作性条件理论的传播，一个谣言也开始流传：斯金纳竟然利用操作性条件实验室对亲生女儿做实验，导致女儿精神崩溃，最终自杀身亡。当然，这个谣言完全是凭空捏造的。

强化程序表

操作性条件理论的另一个重要部分，是强化程序表的概念。某种行为需要多长时间才能强化、什么时候才能强化，这些因素将极大地影响行为强度和反应速度。可以利用正强化条件，也可以利用负强化条件，目标都是强化某种行为，增加该行为再次发生的可能性。强化程序表可以分为两种类型。

1. **持续强化：**特定行为一旦出现，都予以强化。

2. **部分强化：**特定行为一旦出现，可以选择性地予以强化。

有意思的是，部分强化的结果，实际上更不容易消退，因为这种行为随着时间的推移而逐步得到强化，而并不是一次性的强化。部分强化又可以细分为 4 种类型。

1. **固定比例的程序：**经过固定次数的反应，反应得到强化。比如，老鼠施压于杠杆 3 次，才能得到食物。

2. **非固定比例的程序：**经过次数不确定的反应后，反应得到强化。比如，老鼠数次施压于杠杆后，随机地喂老鼠一份食物，而不是基于施压于杠杆的固定次数。

3. **固定间歇期的程序：**一个固定时段过后，给予某种反应作为奖励。比如，如果老鼠在 30 秒的时段里施压一次杠杆，就能得到一份食物。老鼠施压于杠杆的次数并不重要，因为在固定的时段里，老鼠只能得到一份食物。

4. **非固定间歇期的程序：**在一个不确定的时段之后，反应得到强化。比如，最初老鼠每隔 15 秒得到一份食物，之后每隔 5 秒得到一份食物，然后每隔 45 秒才能得到一份食物，以此类推。

上述 4 种强化程序表在日常生活里随处可见。比如，玩电子游戏的时候，经常遇到固定比例的程序实例（玩游戏的人必须挣到固定数量的分数或者硬币，才能获得奖赏）；自动售货机则体现了非固定比例的程序实例；每隔一周或者两周领取薪水就是固定间歇期的程序实例；如果老板随机视察办公室，希望了解每个员工的工作进展，就是非固定间歇期的程序实例。要学习一种新的行为模式，固定比例的程序永远是最好的选择，非固定间歇期的程序对于预防消退现象是极其有用的。

随着时间的流逝，行为主义学派不再风行一时，但是，不可否认的是，B. F. 斯金纳的学说依然具有深远的影响。他的操作性技巧对于心理卫生行业的治疗业务依然具有至关重要的作用，有关强化和处罚的思想，在教学和驯狗过程中依然得到广泛应用。

西格蒙德·弗洛伊德（1856—1939）

心理分析的创始人

西格蒙德·弗洛伊德（Sigmund Freud）1856 年 5 月 6 日出生于摩拉维亚（Moravia，即现在的捷克共和国）的弗莱堡（Freiberg）。弗洛伊德的母亲是他父亲的第二任妻子，比他父亲年轻 20 岁。弗洛伊德有两个同父异母的哥哥，年龄都比他大 20 岁左右，此外，弗洛伊德的亲生母亲生育了 7 个孩子，他排行老大。4 岁的时候，弗洛伊德从摩拉维亚迁居到奥地利的维也纳，在那里度过一生的大部分时间，不过他一直说，他并不喜欢这座城市。

弗洛伊德在学校表现出色，由于是犹太人（尽管他后来声称自己是无神论者），他在 1873 年进入维也纳大学医学院（当时的维也纳，可供犹太人选择的专业只有医学与法律）。弗洛伊德希望从事精神心理学的研究，但是，要得到这个专业的研究职位是极其困难的。弗洛伊德只能先在一家私人诊所工作，主要从事精神病的诊治工作。

在私人诊所实习期间，弗洛伊德与一位既是外科医生也是心理学家的人交了朋友，他就是约瑟夫·布罗依尔（Josef Breuer）。

布罗依尔在治疗歇斯底里症病人的过程中，采用催眠的方法，鼓励与病人交谈。弗洛伊德与他结成的友谊，对弗洛伊德的研究工作具有重要的影响。催眠的过程，按照布罗依尔的病人安娜·奥（Anna O.）的说法，是一种“谈心疗法”，这种疗法鼓励病人讨论在清醒状态下无法想起的旧事，从而减轻病人歇斯底里的症状。弗洛伊德与布罗依尔合作撰写了《歇斯底里症研究》（*Studies in Hysteria*）一书，之后，弗洛伊德前往巴黎，在著名的法国精神病学家让·马丁·沙可（Jean-Martin Charcot）的指导下，进一步研究关于催眠的课题。

1886年，弗洛伊德回到维也纳，开设了自己的私人诊所。最初，弗洛伊德对神经衰弱症病人和歇斯底里症病人采用催眠术，不过，他很快认识到，如果让病人处于放松状态（比如蜷缩在沙发上），鼓励他们说出大脑里的所有念头（即自由联想），就能从病人身上了解到更深层次的病因。在弗洛伊德看来，这种方式可以分析病人的话语，确定以往哪种创伤导致了病人目前的症状。

弗洛伊德最著名的研究成果，都是在很短的时间内发表的。在短短的五年时间里，他发表了三部著作，这些著作深刻影响了以后数十年心理学的发展历程，这三部著作分别是：1900年出版的《梦的解析》（*The Interpretation of Dreams*），他在这部著作里向世人介绍了无意识心理状态的概念；1901年出版的《日常生活中的心理病理学》（*The Psychopathology of Everyday Life*），在这部著作里，他从理论上分析了口误现象（以后被称作弗洛伊德式口误），认为口误是一种有意义的话语，是“动态化无意识”的自然表达方式；1905年出版的《性学三论》（*Three Essays on the Theory of Sexuality*），他在这部著作里除了探讨其他问题，也探讨了至今仍然有名的“恋母情结理论（Oedipus Complex）”。

1933 年，纳粹政权执掌德国，开始焚烧他的著作。作为那个时代的权威科学家，弗洛伊德意识到，自己被纳粹政府关注了，这是他不愿意看到的。1938 年，纳粹政府占领奥地利，没收了弗洛伊德的护照。基于弗洛伊德的国际声望，加之一些国外人士也施加了压力，弗洛伊德获准移居英格兰，之后一直生活在那里，直至 1939 年去世。

性心理发展的几个阶段

弗洛伊德有关性心理发展的理论，是心理学领域最著名也是争议最大的理论之一。弗洛伊德认为，在一般情况下，人在 6 岁时就确定了性格，如果顺利度过预定的阶段，就能形成健康的性格，如果没有顺利度过，就会形成不健康的性格。

在弗洛伊德看来，决定阶段顺序的因素，是性感带（性感带是人体的敏感部位，可以激发性快感、性欲和性刺激）的转移；如果没有顺利度过某一阶段，儿童就会滞留在那个阶段所对应的性感带。这些男孩或者女孩成人之后，要么过度沉溺于性爱，要么缺乏性爱欲望。

口唇阶段（出生—18 个月）

在这个阶段，儿童沉溺于口唇运动带来的快感，比如吸吮，这个动作可以产生舒适和依赖的感觉。在这个阶段，如果儿童有太多或者太少的喜悦心情，就会形成口唇型个性，或者说具有口欲滞留的特征，形成与口唇相关的行为模式。按照弗洛伊德的说法，具有这种性格的人有一些明显的行为特征，比如咬指甲、抽烟、喝酒、暴饮暴食、轻信别人、依赖别人、经常缺乏主见。

肛门阶段（18 个月—3 岁）

在这个阶段，儿童的主要注意力转移到膀胱和肠胃，通过控制这些部位的运动，儿童可以获得快感。弗洛伊德认为，家长对孩子进行如厕训练时，如果采用表扬和奖赏的方法，让孩子感觉自己有能力、能够做好事情，就能帮助他们顺利地度过这个阶段。这样的做法能让孩子在以后的生活里养成胜任工作、富于创造的性格。弗洛伊德认为，在儿童的如厕训练方面，如果家长过于放任孩子，容易使他们形成厌恶肛门的性格特点，孩子会成为破坏性强、处事马虎、肆意浪费的人。如果家长采取过于严厉的态度，或者过早对孩子实施如厕训练，孩子会滞留在口唇型阶段，形成过分追求完美、过分要求干净与控制欲过强的性格。

前生殖器官阶段（3 岁—6 岁）

弗洛伊德认为，在这个阶段，儿童的快感区转移到生殖器官，据此他提出了自己最著名的理论，即恋母情结的理论。弗洛伊德认为，在这个阶段，男孩不自觉地对母亲产生性欲，而把父亲看作情敌，并且希望替代父亲的位置。此外，男孩还意识到，因为自己的恋母情结，父亲试图处罚他，男孩有一种被剥夺男人资格的焦虑感。不过，男孩不会与父亲争执，相反，他会认同父亲的做法，因为他们只是在争夺母亲或妻子的情感。弗洛伊德认为，如果滞留在这个阶段，儿童会出现性倒错现象，要么混淆性别特征，要么性别特征极不明显。

1913 年，卡尔·荣格（Carl Jung）提出了“恋父情结（Electra

Complex）”的概念，这个概念描述年幼女孩与父亲的类似关系。不过，弗洛伊德不同意这个概念，认为女孩实际上只是体验阴茎嫉妒情结（女孩希望自己拥有阴茎，由此感到怨恨和不满）。

潜伏阶段（6 岁—青春期）

在这个阶段，性冲动受到压抑，儿童的性能量转移到其他交往活动中，比如社会交往和智力活动。在这个阶段，大部分儿童只与相同性别的同伴玩耍，对他们而言，不存在性心理的发展问题，也不存在滞留于此的问题。

生殖器官阶段（青春期—成人期）

弗洛伊德理论模式里的最后阶段，涉及性冲动的再次觉醒，以及对异性的兴趣。如果顺利度过前面所有的阶段，儿童就会成长为一个充满爱心和身心平衡发展的成年人，他们的快感会集中于生殖器官。如果滞留在这个阶段，他们将出现性颠倒的现象。

当然，弗洛伊德的理论也遭到了批评。弗洛伊德几乎只关注男性的心理发展历程。他的研究工作缺少对儿童行为的观察与研究，只是基于成年病人的口述。在他的理论里，在设想的童年“初始原因”和成人的“最终结果”之间，相隔漫长的时间，很难衡量或者验证弗洛伊德有关性心理发展的理论是否准确。

人格的结构化模式

除了性心理发展的理论，弗洛伊德还提出，要理解人格发展的奥秘，必须理解很多其他驱动因素，这些驱动因素在人格形成过程里，发挥了重要的作用。他提出了人格结构化模式，试图区分人格三个组成部分与人类心智的差异，从而解释心智是如何运转的。人格的三个层次是：本我、自我和超我。

“本我”

每个人都有与生俱来的“本我”，“本我”负责满足新生儿的基本需求。弗洛伊德声称，“本我”遵循所谓的“快乐原则”，其基本意思是，在特定时刻里，“本我”只追求快乐，不顾及其他。“本我”不考虑环境里其他因素的作用，也不考虑其他人的感受。比如，如果新生儿受到伤害，或者希望吃东西，或者希望换衣服，或者希望引起别人注意，“本我”就驱使新生儿大声哭泣，直到达到目的。

“自我”

人格的另一个层次是“自我”。新生儿出生的最初三年里，他们与周围世界发生互动，“自我”便自然地发展起来。基于这个认识，弗洛伊德认为“自我”遵循所谓的“现实原则”。“自我”意识到，周围其他人也有愿望和需求，自己率性而自私的行为可能给自己带来伤害。“自我”必须考虑特定环境的现实状况，然后再考虑如何满足“本我”的需求。比如，孩子会犹豫，是否要做某件不妥当的事情，因为他意识到，这样做将产生消极的后果。这是“自我”在发挥作用。

“超我”

儿童到 5 岁时，前生殖器官阶段即将结束，开始有了“超我”。这是人格的另一个层次，它由道德与理想构成，通过社会和家长传输给孩子。很多人发现，“超我”类似于良知，代表人格的特定部分，即用于分辨是非的那部分。

弗洛伊德认为，对一个真正健康的人而言，“自我”会比“本我”及“超我”更强，只有这样，他才能充分考虑环境的客观因素，从而既满足“本我”的需求，又不违背“超我”的要求。如果一个人的“超我”最强，他就要遵循最为严格的道德规范；如果一个人的“本我”最强，他就会为了寻求快感而舍弃道德，最终去伤害别人（比如，如果有人愿意寻欢作乐而放弃道德，他会强奸妇女；强奸行为就是“本我”过强的标志）。

弗洛伊德有关人类心智的理论

弗洛伊德认为，我们的感觉、信仰、冲动、潜在的情绪都隐藏在无意识之中，我们在清醒的时候，是无法捕捉这些存在的。不过，弗洛伊德意识到，除了意识和无意识之间，还存在着不同等级的意识。

“无意识”可以被形象地表述为冰山四周的水面。不属于意识的任何思绪，都可以归入“无意识”。这是我们从未体验、也从未意识到的存在，它们不构成我们的人格，也与我们人格的形成无关。

冰山的顶部是我们的意识，它只是人格构成的极小部分。我们所了解的意识，只是我们自身的一个部分，因此，我们对人格的形成过程其实知之不多。意识包含思想、感知和日常认知。

直接在意识之下，也就是位于冰山底部的，是前意识或者潜意识。如果给予必要的提示，我们可以感知前意识，不过，前意识不是意识里比较活跃的部分，它需要激活才能被唤醒。比如童年时的回忆，过去的电话号码，年轻时老朋友的名字，深藏于心底的任何回忆，都可以在这里找到。只有在前意识里才能发现“超我”。

在特定的时间里，我们只能认识冰山顶部的内容，无意识的范围之广，超出了我们的想象，它包含人格里很多隐藏的、难以接近的多层次存在。在这个部分里，可以感知诸如担忧、不道德冲动、耻辱的经历、自私的需求、不理性的愿望、无法接受的性欲等。这也是可以找到“本我”的部分。“自我”并不固定在冰山的特定部分，在意识、潜意识和无意识中都能找到“自我”。

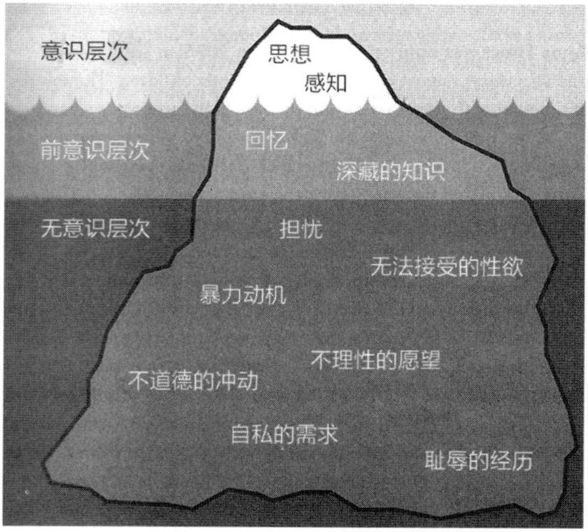

冰山的比喻图

毫无疑问，西格蒙德·弗洛伊德的理论对心理学和精神医学领域产生了深远的影响。他的思想完全改变了人们对性格、性行为、回忆和心理治疗的观念。当年，他是第一个研究人类心理的著名学者，一百年之后，他已经成为大众心目中最著名的心理学家。

安娜·弗洛伊德（1895—1982）

为儿童而思考的人

安娜·弗洛伊德（Anna Freud）1895 年 12 月 3 日出生于奥地利的维也纳，西格蒙德·弗洛伊德有 6 个子女，安娜·弗洛伊德是他最小的女儿。她与兄弟姐妹及其母亲的关系并不融洽，与父亲的关系却很亲密。她在私立学校接受过教育，不过，她认为在学校学不到很多知识，因此，她的教育主要来自父亲的朋友和同事的传授。

高中毕业后，她着手将父亲的著述译为德文，并且选择了小学教师的职业。在教师的岗位上，她开始对儿童心理的诊疗产生兴趣。1918 年，安娜·弗洛伊德患了肺结核病，不得不离开教师岗位。在这段艰难的时间里，她向父亲描述了自己的梦境。父亲为她分析梦境，安娜·弗洛伊德也很快对父亲的专业产生兴趣，决定从事心理分析的研究工作。安娜·弗洛伊德接受了父亲的很多基本思想，却对潜意识的结构问题缺乏兴趣，相反，她对"自我"及个人心智的运行或者动机更感兴趣。在这种专业兴趣的引导下，她在 1936 年发表了一部具有突破意义的著述——《自我及防卫机制》（*The Ego and Mechanisms of Defense*）。

安娜·弗洛伊德最突出的贡献，是创立了儿童心理分析理论，这一理论对儿童心理做了缜密的研究；此外，她发展了若干儿童心理疾病的治疗方法，得到学界的肯定。1923 年，安娜·弗洛伊德在没有获得大学学位的情况下，在维也纳创办了儿童心理分析诊所，并且被提名为维也纳心理分析学会的主席。

1938 年，纳粹德国入侵奥地利，安娜·弗洛伊德随父亲离开奥地利，迁居英格兰。1941 年，她在伦敦与多萝西·伯林根（Dorothy Burlingham）及海伦·罗斯（Helen Ross）创建了“汉普斯特德战时幼儿园（Hampstead War Nursery）”，这是无家可归儿童的寄居之地，也是进行儿童心理分析的基地。她结合在幼儿园工作的经验，完成了三部著述：1942 年发表《战时的年幼儿童》（*Young Children in Wartime*），1943 年发表《无家的婴儿》（*Infants Without Families*）以及《战争与儿童》（*War and Children*）。1945 年，这所幼儿园被关闭，安娜·弗洛伊德随后创建了“汉普斯特德儿童治疗课程与诊所（Hampstead Child Therapy Course and Clinic）”，并亲自担任主任，直至去世。1982 年她去世时，安娜·弗洛伊德的研究成果成为儿童心理分析领域一笔持久而意义深远的遗产，只有其父亲和少数优秀心理学家的研究成果可以与之媲美。

防卫机制

要理解安娜·弗洛伊德关于防卫机制概念的意义，必须首先了解其父亲的研究成果。西格蒙德·弗洛伊德论证过：“自我”与“本我”及“超我”发生冲突的时候，会采用某种防卫机制。他认为，对大多数人而言，缓解紧张情绪是一种主要的驱动力，紧张情绪在很大程度上是因焦虑而引起的。他将焦虑情绪细分为 3 种类型。

1. **现实焦虑：**对真实世界发生之事的恐惧。比如，有人距离疯狗很近，所以害怕被狗咬伤。缓解现实焦虑所带来的紧张情绪，最便捷的办法是脱离危险环境。

2. **神经质焦虑：**无意识的恐惧，害怕被“本我”淹没，害怕失去对“本我”冲动的控制，担忧“本我”冲动导致处罚。

3. **道德焦虑：**害怕道德原则与价值观遭到破坏，从而感觉耻辱或者有罪。这种焦虑情绪源于“超我”。

如果产生焦虑情绪，西格蒙德·弗洛伊德认为，防卫机制可以应对焦虑情绪，让“自我”免受现实、“本我”和“超我”的伤害。他认为，这种防卫机制经常无意识地扭曲现实，常常被希望躲避问题的人滥用。理解和发现这种防卫机制，有助于用健康的方式控制焦虑情绪，从而调整心理。

安娜·弗洛伊德的贡献是什么？她最显著的贡献，是确认了某些特定的防卫机制，利用这些防卫机制，就可以缓解紧张情绪。这些防卫机制如下。

◎ **否认：**拒绝承认或者拒绝接受正在发生或者已经发生的事情。

◎ **转移：**将感觉和沮丧心情转移到危害不大的其他事情或者其他人身上。

◎ **理性化：**用冷静和客观的态度看待某件事情，避免关注特定环境下的压力，以及个人过分情绪化的反应。

◎ **投射：**将不适感觉映射到别人身上，似乎别人也处在相同的位置，有着相同的感受。

◎ **合理化：**为了回避产生某种感受或者行为的真正原因，制造一些冠冕堂皇的虚假原因，以证明某种感受或者行为的合理性。

◎ **反向行为：**故意做违心的事情，以掩盖真实的感受。

◎ **退行：**退而采取儿童的行为方式。安娜·弗洛伊德认为，个人基于其滞留的性心理阶段而采取特定的行为。比如，如果某人滞留于口唇阶段，他会不停地吃喝，或者具有明显的语言暴力。

◎ **压抑：**把感觉不适的思想转移到潜意识里。

◎ **升华：**将无法接受的行为转化为较能接受的形式。比如，情绪愤怒的人可以参加拳击比赛，以此作为情绪发泄的渠道。安娜·弗洛伊德认为，升华是性格成熟的体现。

儿童心理分析

为了成功地治愈儿童的心理疾病，安娜·弗洛伊德最初计划将父亲的理论作为指南，制订了一份时间表，描绘了一幅儿童正常成长和发展的进程图。如果儿童发展的某个环节被忽略或者出现迟缓现象，比如卫生习惯被忽视，或者迟迟未能形成，治疗师就要集中关注这种现象的形成原因，然后采取相应的治疗方法。

不过，安娜·弗洛伊德很快意识到，儿童病人与她父亲经常接触的成年病人之间存在着重大的差异，因此，她的治疗方法必须有所调整。西格蒙德·弗洛伊德的病人都是自立的成年人，而安娜·弗洛伊德面对的是儿童，儿童的大部分生活场景里都有其父母的身影。安娜·弗洛伊德很早就意识到家长的重要作用，在她看来，治疗儿童心理疾病的一个重要方面，是家长在子女的治疗过程中必须发挥积极的作用。比如，家长要被告知子女治疗过程的具体情况，这样，他们可以在日常生活中注意运用这种治疗方法。

安娜·弗洛伊德还意识到，儿童的玩耍行为在治疗过程中具有重要作用。通过玩耍，儿童可以逐步适应现实环境，勇敢面对眼前的问题；在治疗过程里，儿童可以自由发言。玩耍行为可以帮助治疗师确认儿童的创伤所在，并实施有效的治疗，不过，儿童的玩耍行为不会流露出更多的无意识状况，因为儿童和成年人不同，他们还没学会掩盖无意识状态，不懂得压抑相关事件及引发的情绪。如果儿童一旦说出自己的感觉，那必定是真实的。

安娜·弗洛伊德在父亲的“阴影”下开始了研究生涯，不过，她最终证明了自己同样是对心理学发展作出重要贡献的英才。她对父亲的防卫机制理论作出了贡献，更重要的是，她所创立的儿童心理分析理论，依然具有异常重要而深远的意义；现代儿童心理学的很多观念，都源于她的研究成果。

劳伦斯·科尔伯格（1927—1987）

道德难题

劳伦斯·科尔伯格（Lawrence Kohlberg）1927 年 10 月 25 日出生在纽约州布隆维尔市（Bronxville）一个富商家庭。第二次世界大战爆发之际，他在商船上担任水手。后来的经历证明，这个职业对他产生了重要的影响，也深远地影响着心理学的发展。

科尔伯格曾经作为水手在商船上工作，帮助偷渡的犹太难民穿越英国在巴勒斯坦的防线。这段经历让科尔伯格第一次对道德论证产生兴趣；之后，他再次回到现在是以色列的那个地方，进一步研究在基布兹（Kibbutzes，*以色列的集体农场*）环境下，儿童成长过程中的道德论证问题。战后他进入芝加哥大学，进行心理学专业的学习。科尔伯格入学考试成绩优异，无须参加大量必修课的学习，一年内就获得了心理学学士学位。他在 1958 年获得哲学博士学位。1967 年，科尔伯格担任哈佛大学教育和社会心理学教授，因创建“道德发展阶段论（Stages of Moral Development）”受到学术界的广泛承认，享有很高的声誉。

1971 年，科尔伯格在伯利兹工作期间染上寄生虫感染症。由于病魔作祟，科尔伯格在以后的 16 年里，一直顽强地与忧郁症及长期折磨他的病痛搏斗。1987 年 1 月 19 日，科尔伯格向医院请假一天。离开医院后，科尔伯格在波士顿港（Boston Harbor）投河自尽，终年 59 岁。

道德发展阶段论

科尔伯格的道德发展阶段论，是对让·皮亚杰（Jean Piaget）研究成果的修正。皮亚杰是瑞士的一位心理学家。在皮亚杰看来，道德发展是一个分为两个阶段的过程，科尔伯格则认为，道德发展可以分为三个水平六个阶段。科尔伯格提出，道德发展是一个终生的过程。为了区分和描述这些阶段，科尔伯格针对不同年龄的儿童提出一系列道德难题。然后，他对这些儿童进行访谈，找出隐藏在每个儿童选择结果背后的理由，从而理解道德论证是如何随着儿童的成长而改变的。

海因茨难题

在海因茨难题里，科尔伯格给儿童讲述了一位妇女的欧洲经历。这位妇女患了一种罕见的癌症，濒临死亡。当地的医生认为，有一种药物或许可以拯救她的生命，这种药物就是镭，是同城一位药剂师最近发明的。尽管药物的成本很高，但是，药剂师的开价居然是成本的十倍。制作一片药的成本是 200 美元，开价却高达 2000 美元。患病妇女的丈夫海因茨向所有的熟人借钱，但是只借到 1000 美元，只有药剂师开价的一半。海因茨告诉药剂师，自己的妻子已经病危，求他再便宜一些，或者，允许海因茨分期还款，但是，药剂师拒绝了海因茨的请求，并且说自己还指望着靠这种药发财呢。海因茨绝望了，他冲进药剂师的药房，偷走了药物，准备拿去给妻子治病。科尔伯格的问题是：“海因茨的做法对吗？”

在科尔伯格看来，难题的答案并不重要，重要的是找出隐藏在决定背后的道德论证。根据他的研究结果，儿童的反应可以分为三个水平六个阶段。

第一水平：前习俗道德

◎ 第一阶段：服从与处罚

在这个阶段，儿童把规则视作绝对权威。服从规则意味着避免处罚。大多数年幼儿童都处于这个道德发展阶段，不过，一些成年人也可能处于这个阶段。

◎ 第二阶段：利己主义和交换

在这个阶段，儿童开始形成自己的观点，以个人需求是否得到满足为标准，判断某种行为是否必要。在海因茨难题的实例里，儿童认为，能够满足海因茨需求的选择就是最好的选择。

第二水平：习俗道德

◎ 第三阶段：人际关系

在这个阶段，儿童关注的问题是，如何达到社会或熟人设置的标准。换一句话说，举止良好、待人友善，这是非常重要的。由于这个原因，儿童有做“好男孩”和“好女孩”的愿望。

◎ 第四阶段：维护社会秩序

在这个阶段，儿童把社会视为一个整体。这意味着他们必须遵守规则，维护法律和秩序；即便在极端情况之下，也必须尊重权威，履行承诺的使命。

第三水平：后习俗道德

◎ **第五阶段：社会契约和个人权益**

在这个阶段，人们达成了共识：每个人都有不同的信仰、观点和价值观，然而，为了维护社会秩序，各项法律规定必须基于共同接受的标准而制定。

◎ **第六阶段：普遍原则**

这个阶段基于公正与道德的内在原则，即便这意味着与规则和法律相悖。

值得注意的是，在科尔伯格看来，六个阶段按以上顺序依次发展，但并非每个人都一定会经历这六个阶段。

对道德发展阶段论的批评

科尔伯格的道德发展阶段论极其重要，产生了很大的影响，但是，它也招致了很多批评。有人认为，科尔伯格的理论过分偏向男性（比如，他声称大部分男性处于第四阶段，大部分女性仅处于第三阶段）；也有人认为，在应该做什么与实际做什么之间，存在很大的差异，科尔伯格仅仅关注公正问题，却从不考虑诸如同情与关爱的问题。此外，科尔伯格的实验方法也引起了人们的争议，他的访谈对象是不同年龄的儿童，但他没有在足够长的时间段里跟踪访谈这些儿童实际的道德发展状况。尽管如此，科尔伯格关于道德问题的研究成果依然具有非凡的影响力，他的思想适用于教育领域，适用于对儿童行为的分析。

斯坦利·米尔格兰姆（1933—1984）

令人震撼的心理学家

斯坦利·米尔格兰姆（Stanley Milgram）1933 年 8 月 13 日出生在纽约市的一个犹太人家庭。父亲是一位匈牙利籍的面包师，母亲是一位罗马尼亚籍妇女。米尔格兰姆的父亲 1953 年去世后，母亲就接管了面包店。米尔格兰姆学业成绩优异，在詹姆斯·门罗高中（James Monroe High School）就读期间，他在学校戏剧活动中十分活跃。从事戏剧活动的这段经历，对米尔格兰姆产生很大的影响，在以后的人生中，他充分利用了从事戏剧活动的经验，实施了具有现实意义的实验，为自身赢得了声誉。

1953 年，米尔格兰姆从纽约女王学院（Queens College）毕业，获得政治学学士学位，随后向哈佛大学提交攻读社会心理学博士学位的申请。由于缺少心理学领域的学术背景，他最初被哈佛大学拒绝，不过在 1954 年，哈佛大学终于录取了他，1960 年，他在哈佛大学获得社会心理学哲学博士学位。

在他的学术生涯里，米尔格兰姆十分关注社会问题。1959 年至 1960 年，他在心理学家所罗门·阿希（Solomon Asch）的指导下从事研究工作。所罗门•阿希因为有关从众心理的研究而闻名，尽管有人认为这种实验让人良心不安。1961 年，米尔格兰姆开始从事权力服从的研究，这个研究工作采用的实验方法，成为所有心理学实验中名声最恶、影响最大的实验之一。

1960 年秋季，米尔格兰姆担任耶鲁大学的助理教授。1963 年至 1966 年，他担任哈佛大学社会关系系的助理教授。1967 年，米尔格兰姆担任哈佛大学的讲师；不过，他的终身教师资格被校方否决，原因是米尔格兰姆实验（Milgram Experiment）引发了太多的争议。就在同一年，他成为纽约市立大学研究生院的终身教授。1984 年 12 月 20 日，斯坦利•米尔格兰姆心脏病发作，在纽约去世，年仅 51 岁。

米尔格兰姆的权力服从研究

米尔格兰姆获得了极大的名声，或许是因为实施了著名但引起极大争议的实验：这就是有关权力服从的实验。让米尔格兰姆着迷的课题，是权力如何导致顺从。在他看来，人几乎都服从于秩序，这或许是源于他们愿意表现出合作的态度，或许是出于恐惧的心理，即便这违背自己的合理判断和愿望。

历史上的米尔格兰姆实验

米尔格兰姆从 1961 年开始实施权力服从的实验。在此之前，全世界都在关注一件事情：德国纳粹战犯阿道夫•艾希曼（Adolf Eichmann）受到了审判，罪名是他下令杀害数百万犹太人，而阿道夫·艾希曼辩解说，他只是执行了上级命令。

米尔格兰姆在耶鲁大学实施了这个实验。他在报纸上发布广告，招募了40个男子。参加实验的男子被告知（被告知的是虚假信息），实验的目的是了解他们的记忆与学习状况。他们还被告知，有人会扮演教师的角色，有人会扮演学生的角色，角色的分配是随机的。每个实验对象要抽取一张似乎随机放置的纸条。不过，实际情况是，所有的纸条上都写着“教师”的字样，而那些“学生”其实都是米尔格兰姆的同谋，也就是说，都是米尔格兰姆事先指定的。这样，所有不知情的实验对象都扮演着教师的角色，他们误以为这个角色是随机分配的。

实 验 | 米尔格兰姆实验

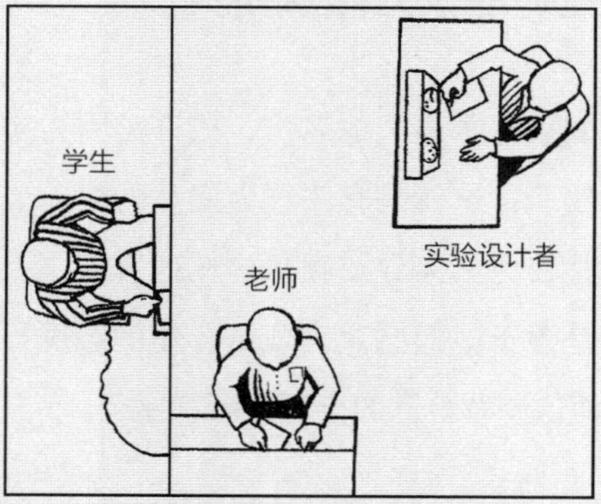

米尔格兰姆实验的示意图

1. 参加实验的每个“教师”都与一位“学生”配成一对。实验助手把“学生”绑在椅子上，在他们身上接入电极。“教师”在一旁观看。

2. 随后，“教师”被带入单独的房间，与“学生”继续交流，不过双方无法相互看到。“教师”前面放着一个电击器，以 30 伏的电压启动，电压慢慢增大，每次增加 15 伏，一直增加至 450 伏。电击器的一个开关上标注“中等程度”字样，表示 75 伏至 120 伏，另一个开关上标注“强烈程度”字样，表示 135 伏至 180 伏，第三个开关标为“危险：剧烈震动”字样，表示 375 伏至 420 伏。最高两档则标注“×××”字样。这部电击器其实并未发出震动，只是开关打开的时候，会发出一些噪音。
3. “教师”被告知，他们要告诉“学生”一些成对的词组，如果“学生”回答错误，“教师”就用电击方式惩罚“学生”。“学生”每犯一次错误，“教师”就提高 15 伏电压，并以类推。为了体现实验的真实性，“教师”也承受了 15 伏电压的电击。在整个实验过程里，这是唯一一次真正的电击。
4. 对词活动开始之后，“学生”就按照原定计划开始犯错。每出现一个错误，“教师”都会增加电击“学生”的电压。当虚假的电击达到 75 伏时，“学生”开始哼叫。达到 120 伏时，“学生”纷纷抱怨，电击让他们感到疼痛。达到 150 伏时，“学生”开始尖叫，表示想退出实验。随着电击的持续，“学生”发出越来越多的逃离请求，抱怨心脏承受不住了。
5. 如果“教师”对此提出质疑，实验操作者就告诉他：“请继续下去”“必须继续下去，这点非常重要”“实验要求你坚持下去”，或者“没有其他选择，必须坚持下去”。

6. 达到 300 伏时，“学生”开始重重地撞墙，高喊自己忍受不了这种痛苦。达到 330 伏时，“学生”已经无法说话了。实验操作者告诉“教师”，没有回答也是犯错，也要实施电击。
7. 电击达到最高限度时，实验即告结束。

米尔格兰姆的结论

米尔格兰姆请耶鲁大学的一些学生预测，实验过程里有多少“教师”实施过最大电压的电击行为，他们的估计是 3%。让人惊奇的是，米尔格兰姆发现，用 450 伏电压实施电击的人，竟然高达 65%！尽管“学生”叫喊、神经质大笑、颤抖，但是，扮演教师角色的实验对象还是服从了实验者的要求，继续参与实验直至结束。实验之后，米尔格兰姆与实验对象进行交谈，问电击给他们带来的痛苦程度，他们普遍回答“极端痛苦”。米尔格兰姆甚至发现，实验对象为了给自己的行为找理由，甚至肆意贬低参加实验的“学生”反应，认为“学生”十分愚笨，理应受到电击。米尔格兰姆成功地证明，在某种特定环境之下，被视作“正常人”的普通人也会给别人造成强烈的痛苦与苦难。米尔格兰姆用以下方式解释了高度服从心理的产生原因。

◎ 权威人物的存在（实验操作者），导致服从心理的加剧。

◎ 很多实验对象相信，实验由耶鲁大学提供支持，因此实验肯定是安全的。

◎ 教师和学生的角色分派是随机产生的。

◎ 实验对象相信，实验操作者是能够控制局面的专家。

◎ 实验对象被告知，电击让人痛苦，但不会有危险。

道德问题

米尔格兰姆的权力服从研究，由于道德层面的缺陷而受到猛烈批评。实验对象受到误导，误以为给别人制造了痛苦，而实际的情况是，他们自己才真正地受骗了，而别人的"痛苦"都是假装的。这个实验对实验对象构成极大的压力。他们以为，自己给完全陌生的人带来了痛苦，这种感受其实让他们自己受到了伤害。

六度分割实验

米尔格兰姆因权力服从研究而名声大噪，不过，他也参与过几次较为人性的实验。你有没有听说过"六度分割（Six Degrees of Separation）"这个术语？如果回答是肯定的，那么你应当感谢斯坦利·米尔格兰姆。

在20世纪50年代，政治学家伊契尔·德·索拉·蒲尔（Ithiel de Sola Pool）与数学家曼弗雷克·科肯（Manfred Kochen）提出以下问题：两个完全陌生的人拥有一个共同的朋友，这种可能性究竟有多大？什么原因让他们没有共同朋友？这两个人需要经过多少环节就能找到共同的朋友？大约10年以后，斯坦利·米尔格兰姆实施了一个实验，也就是又以六度分割实验（The Small World Experiment）而知名的实验，试图解答以上问题。

米尔格兰姆向内布拉斯加州（Nebraska）的奥马哈市（Omaha）和堪萨斯州（Kansas）的威奇托市（Wichita）发出300封信件，信中附上具体的实施方法，另外，在马萨诸塞州（Massachusetts）的波士顿（Boston）地区设置一个“目标人物”。他告诉这300名收信人，让他们分别向一位他们认为最接近“目标人物”的朋友发出信件（他们已经知道那位“目标人物”的名字），而这些朋友得到相同信息之后，也会分别向一位他们认为最接近“目标人物”的朋友发出信件，由此形成一个联系的链条。他们每发出一封信，米尔格兰姆就会收到一份明信片，由此掌握寄信人和收信人之间的联系状况。米尔格兰姆发现，几乎所有的实例都证明，只需要五到六个环节，两个完全陌生的人就可以取得联系。

斯坦利·米尔格兰姆以前所未有的方式，对人类生存方式提出了一种伟大同时又可怕的观点。他的权力服从理论引起过极大争议（当然，这个理论已经成为一种经典理论），证明人性的阴暗可以达到何种程度，不过，他的六度分割实验也已证明，人类在相互交融和形成密切关系方面，也可以达到很高的程度。到目前为止，他的理论仍然具有非凡的影响力和极端的重要性，毫无疑问，他是心理学及心理实验史上受到广泛关注的心理学家之一。

阿尔弗雷德·阿德勒（1870—1937）

研究围绕个人而展开

阿尔弗雷德·阿德勒（Alfred Adler）1870 年 1 月 7 日出生在奥地利维也纳一个犹太籍谷物商人的家庭。童年的时候，阿德勒得了软骨病，直到 4 岁才学会走路。阿德勒 5 岁时又得了肺炎，几乎丧命。多病多灾的童年，激发了他对医学的兴趣，他立志要成为一名外科医生。

从学校毕业之后，他成了一名眼科医生，之后转为全科医生。阿德勒在维也纳底层社会人群聚集的地区开了一个诊所，诊所对面是游乐园和马戏场。由于这个原因，他的大部分病人都是马戏演员。通过研究马戏演员异乎寻常的身体力量与身体弱点，阿德勒创立了有关器官自卑感的理论。这个理论认为，如果身体有某种缺陷，人就会产生某种不足或者自卑心理，就会努力弥补这种缺陷。后来的事实证明，在阿德勒形成其心理学重要思想的过程中，这个理论具有重要的作用。

随着时间的流逝，阿德勒从眼科研究转向心理学研究。1907 年，他受邀参加西格蒙德·弗洛伊德领导的讨论小组。这个小组举办各种讨论会，最后成立了维也纳心理分析学会（Vienna Psychoanalytic Society），西格蒙德·弗洛伊德指定阿德勒担任该学会的主席及学报的编辑。

尽管担任了学会主席的职务，但是阿德勒公开表示，他不赞同西格蒙德·弗洛伊德的一些观点。为此，弗洛伊德的支持者和阿德勒的支持者组织了一场辩论，最终，阿德勒与其他九位学会成员一起，退出了维也纳心理分析学会。1911 年，他们组建自由心理分析学会（Society for Free Psychoanalysis），一年以后，学会改名为个体心理学学会（Society for Individual Psychology）。

阿德勒与弗洛伊德一道，在心理分析学说的发展过程中发挥了重要作用，但是，他也是第一批与弗洛伊德学派决裂、并且创建了新学派的心理学家。他把这个学派称作“个体心理学（Individual Psychology）”。这个学派提出了一个非常重要的概念，就是自卑情结。这个概念认为，一个人的性格与行为，是克服了内心自卑感的结果。

第一次世界大战爆发时，阿德勒在俄罗斯前线做外科医生，以后又在一家儿童医院工作。在第二次世界大战期间，即便阿德勒早就皈依基督教，但由于他的犹太家庭传统，纳粹德国仍然关闭了他的诊所，阿德勒于是前往美国，在长岛医学院（Long Island College of Medicine）担任教授。在 1937 年 5 月 28 日的一次巡回演讲中，阿尔弗雷德·阿德勒因心脏病突然发作而去世。在他突然去世后的很长时间里，他的心理学思想依旧影响深远，构成了随后半个世纪心理学理论研究的主要课题。

个体心理学

弗洛伊德认为，具有普遍意义的某些生物因素，决定了人们的行为方式。阿尔弗雷德·阿德勒认为，行为模式基于个体的经验、环境与社会因素而形成。性格由人们面对爱情、职业和社会因素所持的态度所决定。

归纳起来，阿德勒认为，每个人都是独一无二的，没有一种成熟的理论可以适用于所有人。由于这个原因，阿德勒把他的理论称作“个体心理学”。阿德勒的理论极其复杂，涵盖了广泛的心理学课题；不过，个体心理学的核心原则非常简单，它只遵循一个观念：为成功和追求卓越而努力。

卓越情结和成功情结

阿德勒坚定地认为，隐藏在个体行动背后的一种驱动力，就是个体希望获益的愿望，他把这种愿望称作卓越情结。另外，还有一种驱动力，即希望群体有所收益，他把这种愿望称作成功情结。所有人在出生之际，都只有娇小、软弱、发育不全的身体，人们因此都有自卑情结，并且试图克服自卑情结。那些有卓越情结的人，很少顾及别人的感受，只关注自己的利益，处于不健康的心理状态。而那些追求成功的人，是为全人类的利益而努力，同时又不失自己的身份认同，处于健康的心理状态。

博士定义

自卑情结：一种完全或者部分无意识的自卑感，或者某种缺少价值的感觉。对自卑情结的过分补偿将导致神经质症状。

卓越情结：压抑在克服自卑情结过程中所产生的情绪。

按照阿德勒的理论，个体的性格特征源于以下几个外部因素：

1. **补偿：**如果处于不利状况而遭受苦难，会认为自己比别人低劣，并且努力改变状况。能够做到这一点的人，容易在个人及社会层面获得成功。

2. **放弃：**如果向不利状况屈服，甘于低劣，那就是采取放弃的态度。大部分人都采取这种态度。

3. **过度补偿：**如果执着于这种想法，即为了弥补自身弱点和改变不利状况，过分地追逐成功，这就是过度补偿。

阿尔弗雷德·阿德勒告诉世人：他的理论与西格蒙德·弗洛伊德的理论存在着重大差别，他的理论关注个体的独特性，而弗洛伊德仅仅关注某些具有普遍意义的生物因素。与弗洛伊德及其同时代的人不同的是，阿德勒提出了一种与之抗衡的心理发展理论，尤其是儿童心理发展理论，他建立的理论依然是现代心理学的基石。

基本的群体理论

人们聚合在一起，会发生什么情况

人们可能意识不到，群体对个人行为模式有着强大而戏剧化的影响。人们聚合时的行为模式，与他们独处时相比，是存在差异的。

社会助长作用

社会心理学的一个基本观点是：人们独处时会很放松，不会关注自己的行为方式；但是，只要有另外一个人在场，他们的行为方式就会发生变化，他们会更关注周边的情况。相关研究表明，如果任务非常简单，或者实施者具有炉火纯青的技能水准，实施者独自就能轻松地完成任务。但是，如果有他人在场，在完成新的或者复杂的任务时，实施者的技能水准就会下降。这就是所谓的社会助长作用：由于他人在场，在面对新的或者复杂的任务时，实施者会格外努力，但是实际的技能水准却在下降。

以棒球为例。刚开始学习打棒球的时候，独自练习比当众练习会轻松很多，因为他人在场会让你过多地关注自己，会更容易犯错。不过，如果你是一位职业棒球运动员，拥有完成任务的必要技能，他人在场只会激发你发挥出更高的水准，因为你希望向他人展示自己的高超能力。

群体决策之时

群体作决策的时候，通常会发生两种情况，即“趋同思维现象”或者“群体极化现象”。

趋同思维现象

如果一个群体经常在很多问题上达成一致意见，就可能扼杀不同的意见。群体趋向于对和谐状态的预期。如果每个人都赞同某个意见，并且感到满意，他们就不愿意听到反对的声音。趋同思维可能导致灾难性的后果，因为它使人无法聆听或者辨认争论过程中的所有声音，导致人们仓促地作出决策。趋同思维导致不良后果的实例包括：大规模暴乱、群体性的私刑。

群体极化现象

由于内部因素的作用，一个群体产生了极端的观念，这就是群体极化现象；如果每个人都处于独处状况，就不会发生极化现象。比如，在决策过程之初，群体成员或许只有轻微的不满，但是，到了讨论即将结束的时候，整个群体对待特定问题就可能持有强烈的反对态度，并且逐步达到极端的程度。为了减少群体极化现象，应当避免同质现象的发生。

旁观效应

旁观效应或许是群体内最具悲剧性的一种现象。人们发现，随着群体规模的扩大，愿意帮助有需之人的内心驱动力会慢慢下降。虽然这与社会惰化效应较为相似，但是，旁观效应产生的原因，是群体成员都有随大流的心理：只是当有人出手相助，自己才会随之相助。请注意，这完全是一种群体现象。如果只有自己和有需之人在场，自己通常会出手相助。

旁观效应的著名实例

1964 年 3 月 13 日凌晨 3 点 20 分，28 岁的凯瑟琳（凯蒂）·热内瓦斯（Catherine “Kitty” Genovese）下班回家，一名男子从公寓入口处迎面走来，向她发起攻击并且刺伤了她。热内瓦斯不停地呼叫救命，尽管目睹现场的近 40 个人都听到了呼救声，也都看到事态在逐步恶化，却没有一个人报警；相反，所有的人都认为，总会有其他人去报警。直到凌晨 3 点 50 分，警方才接到报警信息。

群体规则

无论何种类型的群体，无论是一支乐队、一群朋友、一个工作会议、一个运动队，还是其他任何类型的群体，都有类似的心理演化过程，都会遵守某种规则。

1. **群体的形成无须理由。**群体带给我们归属感；由于需要获得归属感，形成与维护群体是人类的本性使然。

2. **群体通常有特定的接纳仪式。**如果有人希望加入群体，群体通常会举行特定的接纳仪式。这种仪式可能与智力、金钱、体力相关，也可能与某种类似经历相关。群体希望测试加入者的真实意愿，希望他们尊重群体的成员资格。

3. 群体创造规则。群体要求成员遵守特定规则，因为规则可以制约成员的行为模式，规范成员的思维方式［了解这方面最好的例子，可参阅阿希（Asch）的从众心理实验（Conformity Study）］。

4. 学习群体的规则。如果破坏了群体确立的规则，群体的其他成员就会告诫你这一点。

5. 每人各自扮演群体里的角色。有些规则适用于群体里的所有成员，与此同时，每个人都要扮演群体里特定的角色，遵守与这一角色相对应的规则。

6. 在大部分情况下，领袖是在群体里逐步形成的。尽管可以指定领袖人选，也可以将领袖强加于群体，但是，在大部分情况下，领袖通常从首先加入群体的那部分人中产生，领袖在逐步获得群体成员的信任后会更加自信，群体的其他成员都会服从他的指挥。

7. 群体可以提高业绩水平。有他人在场的情况下，个人的表现会更加出色。如果独立承担着任务，那么，群体对你的评价将基于你的业绩，在这种情况下，群体的激励作用就更加明显。

8. 群体中会传播流言，在大部分情况下，流言是真实的。1985 年，一项针对工作场所的研究项目发现，在 80% 的时间里，人们都在制造流言或者闲聊，这些流言或者闲聊的内容 80% 都是真实的。其他的研究项目也得出了类似的结论。

9. 群体形成竞争。不同群体的成员之间相互猜疑，敌对群体的成员之间保持着戒备状态。这种心理生成了“我们是我们、你们是你们”的思维定式，即便敌对群体的个别成员有合作的意愿，这个群体的整体依然被视为不可信赖的，或者是持有敌意的。

在日常生活中，群体具有不可思议的重要作用，它在很大程度上影响着我们的决策。群体有多种形式，可以是同事们召开的会议，作出有关重大财经问题的决策；也可以是朋友之间的聚会，讨论下次在哪里聚餐。只要有他人在场，就会对我们的行为模式产生重要影响。无须准备就可以形成群体，它可以激励成员表现得更出色，也可以导致其他人无所事事；它可以确定角色类型与制订规则，要求每个成员遵守规则、各司其职。

菲利普·津巴多（1933—　　）

创造一所监狱的人

菲利普·津巴多（Philip Zimbardo）1933 年 3 月 23 日出生于纽约市。1954 年，津巴多从布鲁克林学院毕业，获得学士学位，在校期间主修了三门课程：心理学、社会学和人类学。之后他进入耶鲁大学，1955 年获得心理学硕士学位，1959 年获得心理学博士学位。

在耶鲁大学短暂地从事教学工作之后，津巴多转入纽约大学，担任心理学教授，直至 1967 年。之后，他在哥伦比亚大学从事为期一年的教学工作，在 1968 年，担任斯坦福大学学术委员会委员，直至 2003 年退休（不过，他在 2007 年才停止授课）。在斯坦福大学工作期间，津巴多实施了最重要也是最有影响的斯坦福监狱实验（Stanford Prison Experiment），这个实验是在 1971 年付诸实施的。

斯坦福监狱实验是津巴多最著名的一次实验。此外，他还从事有关英雄主义、害羞心理和崇拜行为的研究，出版了 50 多部著作。2002 年，津巴多当选为美国心理学协会（American Psychological

Association）主席。此外，他还是“英雄想象计划”（Heroic Imagination Project）的创建人。“英雄想象计划”的目标是激励英雄主义行为，探讨为何有人会采取恶魔般行为，有人会采取英雄主义的行为。

斯坦福监狱实验

1971年，菲利普·津巴多设计了一个实验，再现了监狱系统内的虐囚行为，调查了环境是如何影响人的行为的。他提出的问题是：如果人被剥夺了尊严和个性，会出现什么情况？为了回答这个问题，津巴多实施了名声不佳的斯坦福监狱实验，这是心理学领域最著名的实验之一。

津巴多和他的团队将斯坦福大学心理学系的地下室改造成模拟监狱。他在当地报纸上刊登广告，招募实验对象，实验的时段是两个星期，每个实验对象每天可以得到15美元的报酬。在众多的报名者中，津巴多挑选了24位男性作为实验对象，他们具有坚强的心理和稳定的情绪，其中的大部分人都来自白人中产阶级家庭。24个男子被随机分成两个小组：12个人扮演狱警，另外12个人扮演囚犯。津巴多本人扮演监狱长。

实验用的服装

“狱警”身穿军服式样的制服，戴着墨镜（防止与“囚犯”目光对视），每人配备一根木质警棍，以示其权威地位。“囚犯”头戴绒线帽，身穿松松垮垮的工作服，不穿内衣，彼此以监狱编号相称，不准使用真实姓名。监狱管理方在每个“囚犯”的腿上系一根小链子，提醒他们的囚犯身份。在牢房里，“囚犯”只有一条床垫和一些简单食物。

实验开始前，“囚犯”得到命令，要求他们回到各自家里，等候下一步指令。在家等候时，在没有事先警告的情况下，当地警察（这是同意参与实验的真警察）突然闯入他们家并进行搜查，宣称他们犯有持械抢劫罪。警察向他们告知了相关的法律权利，命令他们按下指纹，并且拍摄了他们的面部照片。“囚犯”脱去衣服，受到搜查，全身喷上除蚤剂；经过一系列程序，他们最终被带入牢房，将在那里度过两个星期。每间牢房住 3 个“囚犯”，无论白天黑夜，他们都要待在牢房里。而“狱警”下班之后，无须留在监狱，此外，“狱警”可以随心所欲地对待“囚犯”，唯一的限制是不能对“囚犯”实施体罚。

实验结果

斯坦福监狱实验原定时段为两个星期，不过，实验施行了 6 天便被迫停止。实验的第二天，第一牢房的“囚犯”拿被褥堵住了牢房的门。各个班次的“狱警”自愿赶到监狱，试图制止骚乱，他们使用灭火器，将泡沫喷向闹事的“囚犯”。

“狱警”决定设立一个“私密牢房”，没有参加骚乱的“囚犯”可以住在那里。监狱管理方会给予他们某种奖赏，比如提供一顿质量不错的饭菜等。但是，住在“私密牢房”的“囚犯”们却拒绝进食，自愿与其他“囚犯”结成同盟。

实验仅仅过去 36 个小时，一位编号为 8612 的“囚犯”就开始狂呼乱叫，不停地诅咒，处于完全失控状态，津巴多对此没有其他选择，只能放人。

“狱警”开始惩处“囚犯”，命令他们不停地背诵自己的囚犯号码，强迫他们做体操，还把牢房里的被褥撕得粉碎。“囚犯”们毫无办法，只能睡在坚硬而冰冷的水泥地上。“狱警”把准许“囚犯”使用厕所作为一种奖励手段，还经常借故不准他们使用洗澡间，只在牢房里放一个便桶。此外，“狱警”还逼迫“囚犯”赤手清理厕所。为了羞辱他们，“狱警”还脱光了一些“囚犯”的衣服，让他们一丝不挂地待在牢房里。

1/3 的“狱警”表现出虐待狂的特性，甚至津巴多本人也完全进入了角色，成了一位货真价实的“监狱长”。到了第四天，有谣言传来，说一位已被释放的“囚犯”计划杀回监狱，解救仍被关押的“囚犯”。津巴多和“狱警”们将“囚犯”迁移到心理学系大楼的另外一层。随后，津巴多守候在地下室，如果那位“囚犯”杀回监狱，津巴多就打算向他摊牌：实验可以提前结束。然而，那位“囚犯”一直没有出现，于是，监狱再次搬到地下室。

又一位“囚犯”入狱后，他被告知，为了抗议“囚犯”遭到的虐待，他应当绝食抗议。不过，其他“囚犯”并未将他视为同伴，而是把他看作一个麻烦制造者。“狱警”把这位“囚犯”关入单独的禁闭室，同时给予其他“囚犯”一个选择：如果希望这位“囚犯”走出禁闭室，他们必须放弃自己的毛毯。结果，只有一个“囚犯”愿意放弃自己的毛毯。

奇怪的是：没有一个“囚犯”愿意提前结束实验，即便他们已被告知可以退出，即便继续参加实验也得不到任何报酬。津巴多的结论是，“囚犯”已经默认了自己的角色，在内心深处接受了囚犯的身份。他们已经真正地进入了角色。

6 天的实验结束后，实验团队邀请一位研究生采访“囚犯”和“狱警”，她看到的情形令她震惊不已。这位局外人的意见，终于让津巴多作出决定：终止这次实验。他注意到，在来访的 50 位访客中，这位研究生是唯一质问过实验是否合乎道德规范的人。

斯坦福监狱实验是一次非常重要也引起了极大争议的心理实验，按照目前美国心理学会的道德规则，这个实验不应重复施行，原因是不符合当代道德标准。但是，津巴多成功展示了个人行为是如何受到其所在环境影响的，无数现实世界的实例都验证了津巴多的结论，其中包括伊拉克（Iraq）阿布格莱布（Abu Ghraib）监狱的虐囚实例。

所罗门·阿希 （1907—1996）

社会影响的力量

所罗门·阿希（Solomon Asch）1907年9月14日出生于波兰华沙一个犹太人家庭。阿希13岁的时候，全家移居美国，居住在曼哈顿下东区。1928年，阿希从纽约市立学院（College of the City of New York）毕业，获得学士学位。毕业之后，阿希进入哥伦比亚大学，师从马科斯·韦特墨（Max Wertheimer），1930年获得文学硕士学位，1932年获得哲学博士学位。之后，阿希在斯沃斯莫尔学院（Swarthmore College）担任心理学教授，他在那里工作了19年，与研究格式塔（Gestalt）的心理学家沃尔夫冈·库勒（Wolfgang KÖhler）成为同事。

在20世纪50年代，阿希进行了社会心理学的研究，以及实施了一系列具有突破意义的实验，也就是著名的阿希从众心理实验（Asch Conformity Experiments），引起了学术界的广泛关注。这些实验将他置于学术研究的聚光灯下，他也由此建立了有关社会影响力的理论，这些理论至今依然影响深远。

1966年至1972年，阿希担任罗格斯大学认知研究所（Institute

for Cognitive Studies at Rutgers University）的负责人。从 1979 年起，他担任宾夕法尼亚大学（University of Pennsylvania）的心理学名誉教授。在此之前，1972 年至 1979 年他担任过该大学的心理学教授。

所罗门·阿希于 1996 年 2 月 20 日去世，享年 88 岁。

实 验 | 阿希的从众心理实验

1951 年，所罗门·阿希实施了一个实验，希望通过这个实验得以了解由大部分人构成的社会压力，是如何使个人产生从众心理的。阿希的从众心理实验是心理学领域最著名的实验之一，并且具有很强的可重复性。

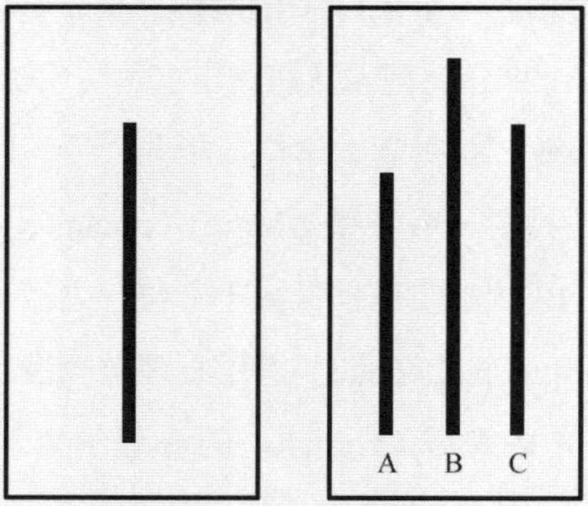

阿希从众心理实验的样板卡片

阿希从众心理实验的样板卡片

1. 邀请六到八个人参加实验。除一人外，其他人都是“托儿”。不过，这些“托儿”不会告诉这个人，这是一次虚假的实验。而这位唯一真正的实验对象误认为，这些“托儿”才是真正的实验对象。

2. 总计一共有 18 个简单的视觉问题，答案都显而易见。所有的“托儿”要对比两张样本卡片，然后回答每个问题。
3. 所有的“托儿”坐成一排，真正的实验对象坐在末尾，安排他或她最后或者倒数第二个回答问题。
4. 向所有的“托儿”展示一张画着线条的卡片，与上面插图左方的那张卡片相似。然后，向他们展示右方的那张卡片，卡片上面有三根线条，分别标注 A、B、C。
5. 让每个“托儿”大声回答，在 A、B、C 三根线条里，哪根线条与左方那张卡片上的线条最接近。
6. 安排前面两个“托儿”说出正确答案，以便让真正的实验对象放松警觉。
7. 从第三个人开始，所有的“托儿”都给出错误的答案。
8. 在所有 18 个问题中，“托儿”对其中的 12 个问题都给出错误的答案，而且错得一模一样。这 12 个答案就是“具有关键意义的实验内容”。
9. 实验目的是要确认：真正的实验对象所给出的答案，是否和“托儿”的答案相同，尽管这些答案显然都是错的。

实验结果

阿希发现一个有趣的现象：面对这 18 个问题，在真正的实验对象里，有 75% 的人至少给出过一次明显错误的答案，原因是大多数人都选择了这个答案。梳理了实验结果之后，阿希的结论是：在真正的实验对象里，有 32% 的人顺从了大多数人的选择结果。

为了保证每个人都能准确地判断线条的实际长度，阿希让他们写下他们认为的线条长度，在98%的情况下，他们的答案都是正确的。这个比例非常高，这是因为群体内部的压力不复存在。

阿希还注意到，在场的人数也对从众心理产生了影响。如果只有一个人与实验对象在一起，前者的答案不会对后者产生实际影响。如果有两个人在场，他们的答案对实验对象的答案产生影响，不过影响的程度有限。如果有三个人或者更多的人在场，他们的答案将对实验对象产生重要的影响。

阿希发现，每根线条的长度越相近，实验对象就越难以作出准确的判断，从众心理形成的可能性就越大。这个现象表明，如果对事物的状态难以作出判断，人们就倾向依赖别人，希望别人替自己作出判断。也就是说，判断的难度越大，从众心理形成的可能性就越大。

阿希还发现，如果只有一个托儿给出正确答案，其余托儿都给出错误答案，从众心理形成的可能性就很小（在实验对象里，只有5%—10%的人选择了从众的行为）。这个现象表明，在舍弃从众心理的过程里，社会支持具有关键的作用。

对从众心理的思考

从众心理实验结束后，有人问实验对象，为什么会顺从群体里其他成员的意见。在大多数情况下，实验对象的回答是，他们也知道答案是错的，不过，他们不愿意承担风险，不愿意让自己出丑。而另一些人的回答是，他们确实相信群体的意见是正确的。

关于从众心理的问题，阿希的实验告诉了我们什么？从众心理的形成有两个主要原因：其一，人们希望遵守规矩（也就是规范化的影响）；其二，受到信息接受范围的影响，人们相信，群体与自己相比，掌握着更多的信息，具有更强的理解力。这两种影响在群体环境之下，对个人的判断形成了强大的影响。以前的很多心理学家也怀疑，群体走向可能会影响个人的感知能力。不过，在阿希实施了这个著名实验之后，世人才真正地理解外界压力在多大程度上可以改变个人的感知能力。

约翰·B. 华生（1878—1958）

行为主义的创始人

约翰·B. 华生（John B.Watson）1878 年 1 月 9 日出生于美国南卡罗来纳州（South Carolina）。华生 13 岁的时候，他的父亲离家出走。华生是在农场里长大的，生活贫困而孤独。华生认为，童年时代的自己，是一个表现糟糕、不守规矩的学生，自己似乎注定和父亲一样，会过一种不计后果、充满暴力的生活。不过，到了 16 岁时，华生的生活出现了转机：他被傅尔曼大学（Furman University）录取了。

5 年之后，华生大学毕业，随即转入芝加哥大学攻读心理学与哲学的博士课程。1903 年，华生放弃了哲学专业，获得心理学博士学位。1908 年，他开始在约翰斯·霍普金斯大学（Johns Hopkins University）任职，担任实验心理学及比较心理学教授。

在这段时间里，华生开始形成一些重要的心理学思想，这些思想后来发展为一门崭新的心理学分支学科：行为主义理论（Behaviorism）。在伊万·巴甫洛夫研究成果的影响下，华生开始学习心理学、生物学、动物行为以及儿童行为。华生认为，儿童行为方式与动物行为方式在原则上是相同的，尽管动物比儿童更复杂。华生的结论是，每个动物都有一套复杂的机制，可以依据“线路”对环境作出回应。“线路”是一些神经通道，其状况依个人经验而各有不同。

1913年，华生在哥伦比亚大学开设了一次讲座，讲座名称是《行为主义论者眼中的心理学》（*Psychology as the Behaviorist Views It*）。他在这次讲座中提出，应该对心理学研究方法进行重大的改革，舍弃对行为的内省式研究，提倡在摆脱意识的前提下，对行为进行独立的研究和评估。他呼吁心理学不应当区分动物行为与人类行为，因为心理学是一门客观而中性的科学。心理学应当通过对心理的研究，归纳出一些原则，它们不仅可以预测动物与人类的行为，而且可以控制动物与人类的行为。此外，华生否认了这样的思想，即行为模式形成的重要因素是遗传；他也不赞同西格蒙德・弗洛伊德有关结构化思想的理论。这次讲座的内容随后被整理成论文，发表在同年《心理学评论》（*Psychological Review*）杂志上，以后被认为“行为主义宣言（Behaviorist Manifesto）”。

华生在约翰斯・霍普金斯大学工作到1920年，在那一年，由于与研究助理产生恋情而被迫辞职。1924年，作为具有人类行为及心理学广博知识的专家，华生进入了广告界，成为美国最大的广告公司之一——J. 沃尔特・汤普森（J.Walter Thompson）公司的副总裁。

华生的最后5年隐居在康涅狄格州（Connecticut）的一个农场，原来就不和睦的家庭关系，此刻进一步恶化了。去世之前，华生烧毁了很多信件和未发表的论文。他于1958年9月25日去世。

行为主义

行为主义认为，在特定的条件下（不论是经典性条件还是操作性条件），个人只能以调节的方式，消极简单地应对环境的刺激。归纳起来，个人如同洁净的白板，其行为只是或强或弱的刺激因素的产物。行为可以被观察，所以，搜集和量化与行为相关的数据，是比较容易的事情。虽然行为主义已经度过了20世纪中期那段兴盛时期，但是，它仍然具有很强的影响力，影响的范围涉及育儿方式、教学方法、动物训练、改善身体残疾者和功能缺陷者的行为方式等。

小艾尔伯特实验

约翰·B.华生对伊万·巴甫洛夫有关狗和条件设置的实验很感兴趣，他希望在行为条件的设置方面再进一步，即用经典方式控制人的情绪反应。

这个实验的对象是一个出生9个月左右的婴儿，华生给他取了“艾尔伯特·B.（Albert B.）”的名字，不过，人们习惯把他称作小艾尔伯特。华生与研究助理罗莎丽·雷诺（Rosalie Raynor，华生后来与她产生了恋情）把婴儿放到不同的刺激物前，随后记录他的所有反应。这些刺激物包括：一只兔子、一只猴子、一只白鼠、一张燃烧的报纸、一个面具。开始的时候，无论面对什么刺激物，婴儿一点儿都不害怕。

之后，华生让婴儿面对白鼠，与此同时，华生手持铁锤，狠狠敲打一根金属管子，发出震耳欲聋的巨响。婴儿吓得哭了起来。华生在白鼠在场的同时，不停地重重敲击金属管子。最终的结果是，婴儿一看到白鼠就哭，哪怕是白鼠在场的时候，并没有伴随着巨响。

◎ 中性刺激物是那只白鼠

◎ 无条件刺激物是铁锤狠狠敲打金属管子发出的巨响

◎ 无条件反应是害怕的心理

◎ 条件刺激物变成那只白鼠

◎ 条件反应也是害怕的心理

与巴甫洛夫一样，华生也证明了中性刺激物也可以产生条件反射，尽管在华生的实验里，条件反射发生在人的身上，这是心理层面的条件反射，并非只是生理反应。此外，华生还注意到，小艾尔伯特只要面对白色的物体，都会表现出害怕的神情，这就是所谓的刺激物泛化现象。

比如，设置了条件之后，小艾尔伯特实验里的婴儿不仅看到白鼠会产生害怕的心理，而且，在看到不同的白色物体时，比如白色皮衣、圣诞老人的白胡子等，也会产生害怕的心理。

博士定义

刺激物泛化现象：当实验对象面对一个与之前刺激物类似但不相同的刺激物时，也会产生同样的心理。

对小艾尔伯特实验的批评

华生的小艾尔伯特实验是心理学领域一次划时代的实验，不过，由于多方面的原因，这个实验也受到了批评。比如，婴儿的反应没有得到客观化的评价，华生与雷诺对此只是作出了主观性的解释。此外，实验的非道德性也引起很多批评。今天，美国心理学学会认为，这种实验不合乎道德规范，引发了实验对象的害怕心理；只有当实验对象事先知道，实验可能使他们产生害怕的情绪，并且，必须在实验对象同意的情况下，这种实验才合乎道德规范。尽管如此，从华生的实验里，从小艾尔伯特实验的结论里，行为心理学家获得了很多重要的思想，这些重要思想仍然影响着心理学的发展。

赫尔曼·罗夏（1884—1922）

透过墨迹看性格

赫尔曼·罗夏（Hermann Rorschach）1884年11月8日出生于瑞士苏黎世，其父亲是一位潦倒的艺术家，以从事艺术教育谋生，他本人是家里的长子。童年的时候，罗夏对墨迹产生了浓厚兴趣（可能是源于他父亲的艺术活动和他本人对艺术的追求）。上中学时，他有个绰号叫“克莱克斯”（Klex），字面的意思是“墨迹”。罗夏12岁时，他的母亲去世了，他18岁时，他的父亲也去世了。

罗夏高中时学业成绩优异，获得各种表彰，毕业后进入大学攻读医学专业学位。1912年，他在苏黎世大学获得医学博士学位，随后在不同的心理诊所工作过。

1911年，罗夏在苏黎世大学接受培训期间，利用墨迹对学生实施了一系列实验，试图调查这些艺术天分很高的学生，在解释墨迹形状的时候，是否同样具有某种程度的想象力。实验结果不仅对罗夏以后的研究工作产生重大影响，对整个心理学的发展也产生了重要影响。罗夏并非第一个将墨迹作为研究对象的人，不过，这次实验首次在心理分析的过程里，以大量的墨迹作为研究对象。

尽管实验结果现在已经失传，但是，在随后的10年里，罗夏的研究重点，就是创建自成一派的方法，利用墨迹来分析人的性格特征。

罗夏在心理诊所工作时，有大量机会接触病人。除了分析心理及情绪稳定、健康状况良好的人的性格特征，他还创造了一种体系，利用墨迹来分析个人心理，预测不同性格会导致什么结果。

1921年，罗夏出版了专著《心理诊断学》(*Psychodiagnostik*)，系统地阐述自己的研究成果。在这本书里，罗夏表述了他的性格理论，其主要观点是，所有人都具有内省与外放的性格，他们既受到内在因素的驱动，也受到外在因素的驱动。罗夏认为，通过墨迹测试，可以在很大程度上测试出个人的性格特征，揭示个人的病态心理或者心理强项。

罗夏的这本专著出版之初，精神病学家对此并不关注，原因是当时他们普遍认为，性格是无法测试的，也无法用实验方法予以证明。1922年，精神病学家开始意识到，罗夏实验确实很有现实意义，罗夏本人也在精神分析学会的会议上，阐述了改进这个实验的设想。1922年4月1日，在经历了一个星期的腹痛折磨之后，罗夏被送到医院做阑尾炎切除手术。1922年4月2日，赫尔曼·罗夏去世，享年只有37岁，他没有等到墨迹测试被学术界承认的那一天。

罗夏的墨迹

罗夏的墨迹测试包括10块墨迹：5块黑色的墨迹、2块红黑相间的墨迹、3块多种颜色的墨迹。心理学家按照特定顺序展示每张印着墨迹的卡片，然后向病人提问："墨迹构成的图案看上去像什么？”病人看完所有墨迹卡片后，要谈出自己的想法。心理学家再次向病人展示卡片，每次展示一张，要求病人列出他们看到的东西、在哪里看到的、墨迹的哪些要素让他们产生特定看法。墨迹可以旋转，可以倾斜，可以倒放，可以用任意方式处置。心理学家记录病人的所有言语和所有行为，记录病人每次反应所用的时间。病人的反应将得到分析和评分。通过一系列数学计算，心理学家将得到测试结果，他们运用实验数据对测试结果作出解释。

如果没有在第一时间作出反应，或者无法说明在卡片上的墨迹，这或许说明，你无法理解卡片表示的内容，或者卡片所表示的主题是你此刻不愿意面对的。

卡片一

第一张卡片由黑色的墨迹构成。这是病人看到的第一张卡片，它揭示病人如何应对全新而颇具压力的任务。人们通常把这张卡片上的墨迹描述为一只蝙蝠，或者一只蝴蝶、一只飞蛾，或者某种动物的脸部，比如大象或者兔子的脸部。对卡片的解释反映了实验对象的性格特征。

◎ 在一些人看来，这是一只蝙蝠，意味着某种不清晰或者恶魔般的东西，而对另一些人来说，这意味着在黑暗中穿行并且获得重生。

◎ 有人看到的是一只蝴蝶，它象征着过渡、转换，也象征着具有成长、变化和克服困难的能力。

◎ 有人看到的是一只飞蛾，这意味着受到轻视，意味着丑陋、瑕疵和烦恼。

◎ 有人看到的是某个动物的脸部，特别是大象的脸部，这意味着面对困难时我们所采取的方式，也意味着我们审视内心时的焦虑心情。同时，它还意味着“被熟视无睹的恐怖现象”，以及对周围悄然发生之事的评论。

卡片二

这张卡片包含红色和黑色的墨迹，通常被认为含有情色性质。红色部分通常被视为血液，病人对这张卡片的反应方式，折射出他们控制感情、伤痛和愤怒情绪的方式。人们通常把这张卡片上的墨迹看作聚众祈祷、两个人、一个人在照镜子、四条腿的动物，比如狗、熊或者大象。

◎ 如果看到的是两个人，这意味着相互依赖，享受性爱，对性爱有好恶参半之感；也意味着关注与别人的关系，注重维护人际关系。

◎ 如果看到的是一个人在照镜子，这意味着专心致志或者自省。能看出这样画面的病人，性格特征可能是积极的，也可能是消极的，这完全取决于个人的感受。

◎ 如果看到的是一只狗，这意味着这位病人是一位充满爱心并且忠诚的人。如果只是看到某种消极的东西，表示病人需要面对自己的恐惧心理，接受内心的感受。

◎ 如果看到的是一头大象，这意味着多思、记忆和智慧，不过，也可能意味着自己消极的身体形象。

◎ 如果看到的是一只熊，这意味着进取、竞争、独立、精力充沛，甚至可能意味着一个以“赤裸”为主题的游戏，它意味着虚弱之感，未受保护，或者感受真诚与诚实。

◎ 这张卡片具有极端的情色性质，如果看到的是一个人在祈祷，这意味着病人在特定宗教环境下对性爱的看法。血液意味着病人将病痛与宗教联系起来，在经历某些激烈情绪，比如愤怒的时候，会求助于祈祷，或者意味着病人将愤怒与宗教联系起来。

卡片三

第三张卡片同样包含红色与黑色的墨迹，意味着病人在社会交往中如何与他人发生关联。对这张卡片的解释通常包括：两个人、一个人在照镜子、一只蝴蝶，或者一只飞蛾。

◎ 如果看到的是两个人在吃东西，这意味着病人的社会生活很丰富；如果看到的是两个人在洗手，这意味着不安全，意味着不洁之感，或者瘫痪之感；如果看到的是两个人在玩游戏，这意味着社会关系就是竞争关系。

◎ 如果看到的是一个人在照镜子，这意味着精神专注，不顾及别人，不了解别人的真实状况。

卡片四

第四张卡片通常被称作“父亲之卡”。它由黑色的墨迹构成，采用了明暗法的绘画方式。这张卡片通常被解释为一个巨大、时而令人恐惧、时而令人震撼的人物，这通常是一位男性，而不是一位女性。这个墨迹折射出病人面对权威时的感觉，以及他的教养状况。对这张卡片通常的解释是：一个巨大的动物或者怪物，或者一张兽皮或者一撮兽毛。

◎ 如果看到的是一个巨大的动物或者怪物，这意味着面对权威时的自卑感，或者是面对权威人物（包括父亲）时被放大的恐惧心理。

◎ 如果看到的是一张兽皮或者一撮兽毛，这意味着在谈论父亲主题的时候，病人感到极大的不适。与此相反，这也可能意味着面对权威或者下属的时候，病人不会有什么问题。

卡片五

这张卡片仍由黑色的墨迹构成，与第一张卡片一样，对它的解释也反映了病人的性格特征。这张卡片通常被解释为不具有威胁性，鉴于前几张卡片都有很强的挑战性，相对而言，这张卡片比较容易被人接受，容易形成价值较高的解释。如果对这张卡片的解释与对第一张卡片的解释不同，这意味着对第二张至第四张卡片的解释已经影响了病人的思维方式。对这张卡片的通常解释，是把它看作一只蝙蝠、一只蝴蝶或者一只飞蛾。

卡片六

这张卡片由黑色的墨迹构成，它的主要特点在于墨迹的结构。这张卡片产生有关人际亲密关系的联想，由于这个原因，它也被称为“性爱之卡”。对这张卡片最通常的解释，是把它看作一张兽皮或者一块皮肤，表示抗拒亲密关系，并由此产生空虚和孤独之感。

卡片七

这张卡片由黑色的墨迹构成，通常与女性有关。对这张卡片的通常解释，是把它看作一些妇女和儿童，由于这个原因，这张卡片被称作“母亲之卡”。如果有人对这张卡片无法做出解释，说明此人与女性相处存在着障碍。对这张卡片的通常解释是：妇女或者儿童的头部或者脸部，以及接吻的动作。

◎ 如果看到的是女性的头部，这象征着对自己母亲的感情。这种感情影响他们对所有女性的看法。

◎ 如果看到的是儿童的头部，这象征着与童年相关的感情，意味着内心对自我的关注。这也意味着病人与母亲的关系需要予以关注和调整。

◎ 如果看到的是将要接吻的两个人的头部，这意味着渴望得到慈爱，渴望与母亲恢复良好的关系。这也表示病人曾与母亲有过亲密的关系，现在却从其他方面去寻求亲密的关系，比如，去寻找一段爱情，参加社交活动等。

卡片八

这张卡片的色彩极其丰富，有灰色、粉红色、橘黄色和蓝色的墨迹。这张卡片是第一张具有多重颜色的卡片，也是一张内容复杂的卡片。如果这张卡片及其节奏变化让病人感觉不适，这意味着他们在应对复杂环境或者情绪激动时会遇到问题。对这张卡片的解释通常包括：这是一些四条腿的动物，或者是一只蝴蝶、一只飞蛾。

卡片九

这张卡片由绿色、粉红色和橘黄色的墨迹构成。这张卡片的特点是它的模糊性，无法清晰表示特定的东西。大部分病人都很难辨认卡片上的图案。这张卡片测试人们如何解释没有结构、形状模糊的事物状态。对这张卡片的解释通常是：这是一个普通的人体，或者是一个形状模糊的恶魔。

◎ 如果看到的是人体，病人对人体的看法，象征着他是如何解释非结构性的时间及信息的。

◎ 如果看到的是恶魔的形状，这象征着为了得到舒适的感觉，病人的生活需要具有某种结构，他们无法容忍模糊现象的存在。

卡片十

罗夏墨迹测试的最后一张卡片，是色彩最丰富的一张卡片，有橘黄色、黄色、粉红色、绿色、灰色与蓝色的墨迹。从结构的角度看，这张卡片与第八张卡片相似；如果从复杂性的角度看，它与第九张卡片相似。很多病人觉得这张卡片赏心悦目，不过，认为第九张卡片过于复杂的病人，也不会喜欢这张卡片，这意味着表示病人在应对相似、重复、并行发生之事时，容易遇到障碍。对这张卡片的解释通常包括：这是一只螃蟹、一只龙虾、一只蜘蛛、一个兔头、一些蛇，或者一些毛毛虫。

◎ 如果看到的是一只螃蟹，这意味着愿意依附于某事或者某人，也意味着坚持不懈。

◎ 如果看到的是一只龙虾，这意味着力量、坚持，以及克服琐碎问题的能力。龙虾还象征着受到伤害以及伤害别人时的恐惧感。

◎ 如果看到的是一只蜘蛛，这意味着恐惧和被纠缠的感觉，或者意味着由于撒谎而陷入不适境地的感觉。此外，它还意味着专横的母亲及女性的权威。

◎ 如果看到的是一个兔头，这象征着丰腴或者积极的态度。

◎ 蛇意味着危险，意味着受骗上当的感觉，也意味着对未知事物的害怕心情。蛇还被视作生殖器，表示与不可接受、受到禁止的性爱行为相关。

◎ 这是墨迹测试的最后一张卡片，毛毛虫象征着成长的空间，象征着不断地更新自己，不断地进步。

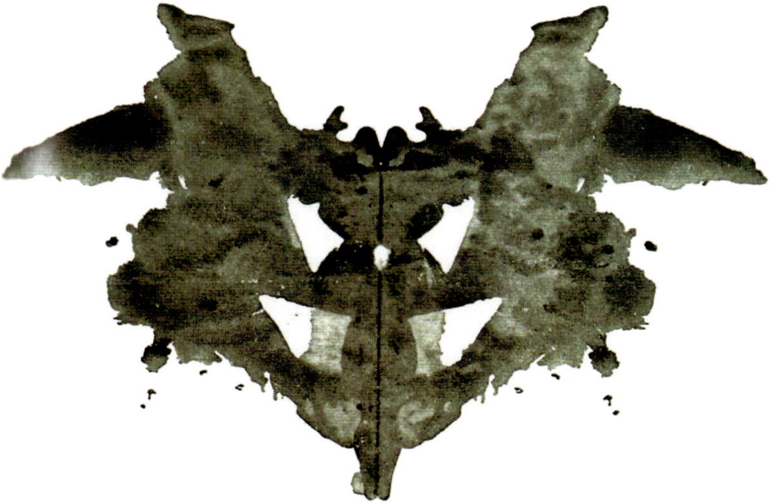

罗夏墨迹　I

罗夏墨迹 Ⅱ

罗夏墨迹　Ⅲ

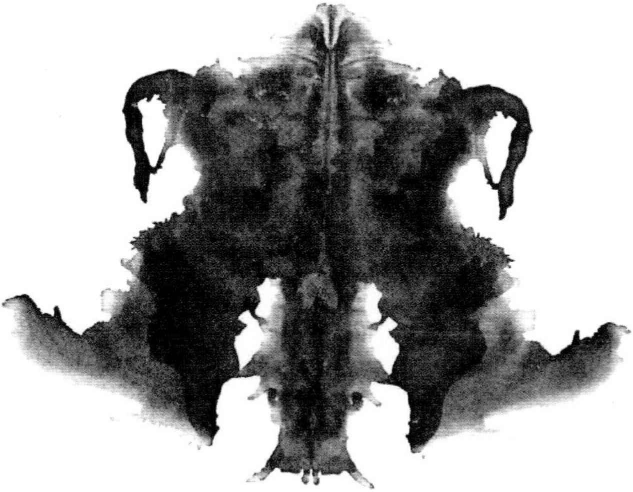

罗夏墨迹　Ⅳ

罗夏墨迹　Ⅴ

罗夏墨迹　Ⅵ

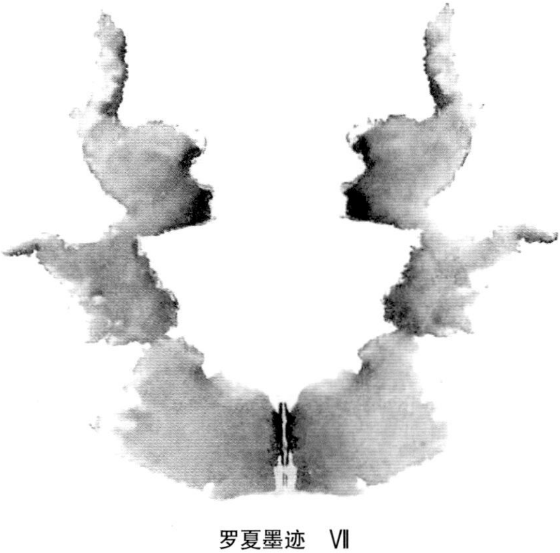

罗夏墨迹　Ⅶ

罗夏墨迹　Ⅷ

罗夏墨迹　IX

罗夏墨迹　X

视觉感知

你是如何看到所见之物的

人类通过感觉器官接收信息。感觉器官包括耳朵、鼻子和眼睛，它们也是更大感知系统的组成部分，这个系统负责接收信息，并且向大脑传送信息。通过对视觉感知的研究，心理学家试图描述由感官传送出来的信息是如何构成感知基础的。换一句话说，心理学家试图解释出现这种现象的原因。比如说，当光线射入眼帘，你可以感知一把椅子的存在，或者当一股声波向你传来，你可以用特定的方式感知声音。心理学家不同意这种说法，即感知在很大程度上依赖于刺激物所包含的信息。在人类处理信息的问题上存在两种不同的理论：一种理论认为，人类自上而下地感知信息；另一种理论认为，人类自下而上地感知信息。两种理论在心理学领域里都有坚定的支持者。

自上而下感知信息的理论

20世纪70年代，心理学家理查德·格雷戈里（Richard Gregory）

声称，感知具有推导性，人们看到某个东西，会基于已有知识在感知层面上做出假设，在大部分情况下，这些假设都是正确的。自上而下的感知方式建立在模式辨别的基础上，利用了与之相关的信息。比如，如果试图看懂某人潦草的手写体，只辨认每个单词会很难看懂，但是理解一个完整的句子却会容易很多，因为单词的组合有助于理解，它们处于上下文的行文环境。

格雷戈里预测，眼睛接收的信息再传到大脑，会损失 90% 的信息量。大脑利用以往的经验，形成对现实世界的感知。感知过程需要对假设做出严格的检验，这样，由感官传送的信息才会合乎逻辑。感觉器官从环境中获得信息，这些信息将与依据以往经验而形成并被存储的信息融合在一起，形成新的信息。

奈克方块

奈克方块用于证明和支持自上而下感知信息的理论，它论证了错误的假设会导致感知的谬误，比如造成以下视觉错误。

如果盯着方块的交叉点看，你会看到，它的面相似乎可以翻转。这个单一的物理模型所引发的感知并不固定，可以生成两种不同的感知。

自上而下感知信息理论的支持者认为，产生两种不同感知的原因就在于，大脑可以形成两种不同的假设，它们都是基于接收到的信息以及以往的经验，所以都能成立，大脑无法对两种假设做出取舍。

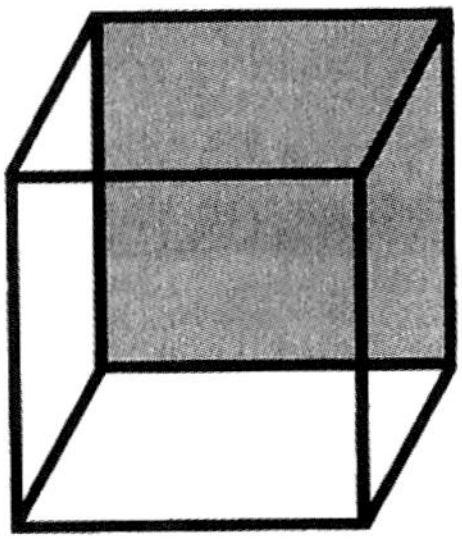

奈克方块

自下而上感知信息的理论

并非所有的心理学家都认为，自上而下感知信息的理论是对视觉感知的正确解释。心理学家詹姆斯·吉布森（James Gibson）就不赞同假设测试的理论，相反，他认为感知过程其实是很直接的。在吉布森看来，可以用更直接的方式在现实世界里获得感知，因为我们身处的环境包含着足够的信息。按照他的理论，对于接收到的信息，我们无须再做解释或者处理，因为信息本身就足够详细。为了验证他的观点，人们可以设想以下场景：坐在快速移动的火车里向窗外看，距离越近的物体，要比距离更远的物体似乎移动得更快。根据这个感知就可以作出判断，一些物体的移动速度较慢，说明它距离火车的距离较远。根据自下而上感知信息的理论（或者数据驱动的处理方式），感知与信息呈现是同时发生的，因此，可以对感知做出单向的分析，也就是对接收到的原始信息做出细分，然后再做越来越复杂的分析。

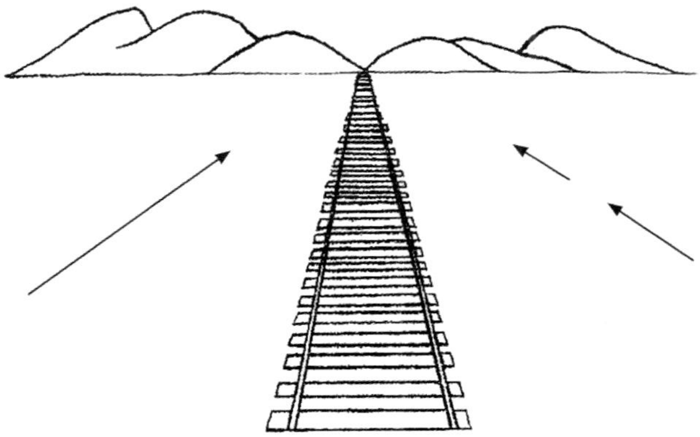

列车尾部的视差

第二次世界大战期间，吉布森与一些飞行员一起研究空间深度的感知问题。他最终得出的结论是：平面感知比深度感知或者空间感知重要得多，因为平面感知可以将一个物体与其他物体区分开来。吉布森还认为，感知的一个重要作用，是理解某个物体的功能。比如，一个物体能否让人坐在上面，能否被抛起或者被携带。

在航空业工作期间，吉布森提出了“光流模式”概念。

飞机即将在跑道上着陆的时候，飞行员驾机对准的那个点似乎是静止的，周围的视觉环境似乎都不在这个点的周围。吉布森认为，飞行员需要确定飞机的飞行速度、方向和高度的时候，光流模式可以提供准确无误的信息。利用光流模式的概念，吉布森对该理论做出了更加完整的描述，它由三部分的内容构成。

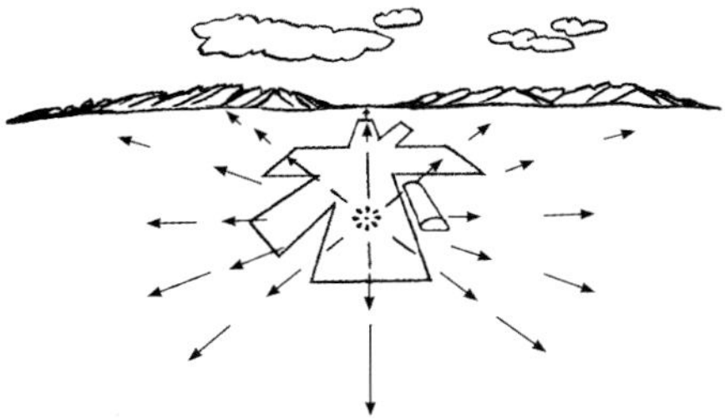

光列阵着陆引导

光流模式

◎ 如果光列阵没有变化，也没有流动，感知能力就处于静止状态。如果出现变化或流动现象，感知能力开始工作。

◎ 光列阵或者由某个特定的点流出，或者流向某个特定的点。感知能力根据流动的中点以确定流动的方向：如果流向某个特定的点，感知能力就远离这个点；如果由某个特定的点流出，感知能力就会靠近这个点。

不变量

如果我们转动眼珠、扭动头部或者四处走动，周围物体便会逐个地进出我们的视野。由于这个原因，我们看到的物体或者场景，很少是停滞不动的。

◎ 如果走近一个物体，它的形状便会放大；如果离开这个物体远些，它的形状便会缩小。

◎ 对物体质感的感知变化不会因距离的变动而改变，因此，这一感知被认为是一个不变量。它提供了有关周围环境的信息，是测定空间深度的基本线索。

◎ 形状感知和线性感知是解释不变量的概念的两个很好的例子。

有用性

有用性是我们认识环境的线索，它帮助我们感知，形成我们对事物的看法。吉布森认为，长期记忆无助于我们形成对事情的看法，相反，在他看来，物体的潜在用途却可以被直接感知。比如，椅子可以供人入座，梯子可以供人爬上爬下。重要的有用性包括以下类型。

◎ **光列阵：**源于环境、进入眼球的光线模式。

◎ **相对亮度：**距离较近，物体就显得更清晰、更明亮。

◎ **相对尺寸：**物体慢慢地远去，渐渐变小；物体显得较小，是因为距离较远。

◎ **视野高度：**如果物体在远处，在人的视野里通常会显得很高。

◎ **纹理梯度：**如果物体被移出，它的纹理就会变小。

◎ **物体叠加：**如果一个物体的外形遮住另一个物体的外形，这意味着前者比后者距离你更近。

格雷戈里的理论与吉布森的理论都未能精确描述所有的感知类型。一些理论认为，如果把自上而下的感知理论与自下而上的感知理论结合起来，就能更好地解释感知过程。无论最终的解决方案如何，上述两种感知理论皆为心理学家研究这一课题奠定了基础。

完形心理学

视行为和心理活动为一个整体

20 世纪 20 年代由马科斯・韦特墨、科特・考夫卡（Kurt Koffka）和沃尔夫冈・库勒创建的完形心理学，是心理学的一个分支。它的基本思想是：行为和心理的复杂性不宜分别研究，而应当将其视为一个整体，因为人类就是这样感知事物的。

完形心理学认为，整体不是部分的简单之和。基于这个概念，完形心理学家将感知构成归纳为一系列原则，解释较小的物体是如何聚集进而构成更大的物体的。也是利用上述概念，完形治疗法关注病人的行为、言词，并且探究这样的问题：要成为完整的人，要拥有更强的自我意识，人们是怎样体验身边这个世界的。

感知构成的完形原则

为了表述这个思想，即整体不是部分的简单之和，完形心理学家创建了一系列原则，即感知构成的完形原则。这些原则，实际上是人们为解决某个问题而选择的思维捷径。它们成功地解释了这种现象，即较小物体可以聚合起来，构成一个较大物体，并且论证了整体与构成整体的各个部分是存在差异的。

相似性原则

人们习惯于将相似的事物聚集到一起。在下面的图像里，可以看到由圆形和方形构成的几个垂直列阵。

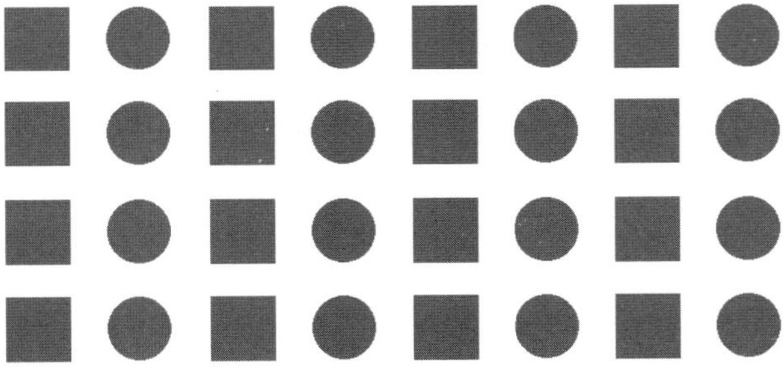

感知到的相似组别

简洁性原则

在德语里，简洁性（Pragnanz）意味着“优美的形状”。简洁性原则的意思是，我们应当看到物体最简单的形式。

比如，在下面的图像里，我们可以不看一系列复杂的形状，只需要看 5 个圆形就可以了。

对感知到的组别进行简化

接近性原则

接近性原则的意思是，如果一个物体接近另一个物体，人们会习惯性地把它们聚集在一起。

在下面的图像里，右面几个圆形按水平方向聚集，左面几个圆形按垂直方向聚集。

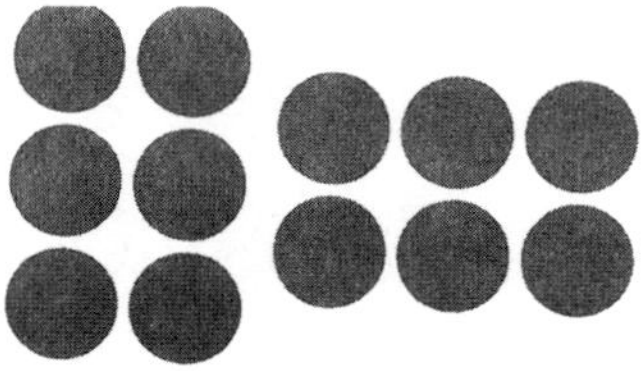

按相似性原则的分组

连续性原则

连续性原则的意思是，如果用曲线或直线将各个点连起来，就能找到最平滑的路径。这些线条看上去相互依存，而不是呈现为一些单独的线条或者弯角。

比如，在下面图像里，人们不应把下方看作一根单独的线条，而应看作是这条路径的延伸部分。

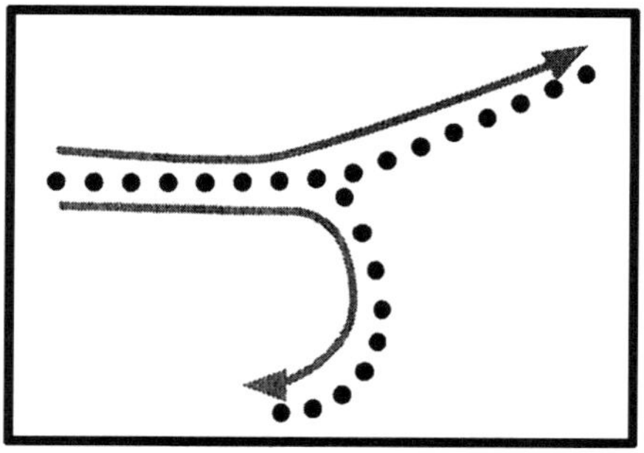

感知的平稳岔路

闭合性原则

闭合性原则的意思是，如果多个物体聚合在一起，人类的大脑习惯于填补物体之间的缺口，从而把它们看作一个整体。

比如，在下面的图像里，人类的大脑会忽略物体之间的缺口，会下意识地填补轮廓线上的缺口。人类的大脑会填上空缺的信息，从而生成若干个三角形和圆形，也就是我们所熟悉的那些图形。

感知缺失空间里的形状

图形—背景理论

图形—背景理论证明，人类的思维习惯于只辨认物体的一部分，以为这就是物体的本身形状（就是人们所说的明显形状），而将其他部分视作背景。即便是一个简单的图像，既可以看作一个花瓶，也可以看作两张人脸，但很少有人能够同时辨别出这两个图像。

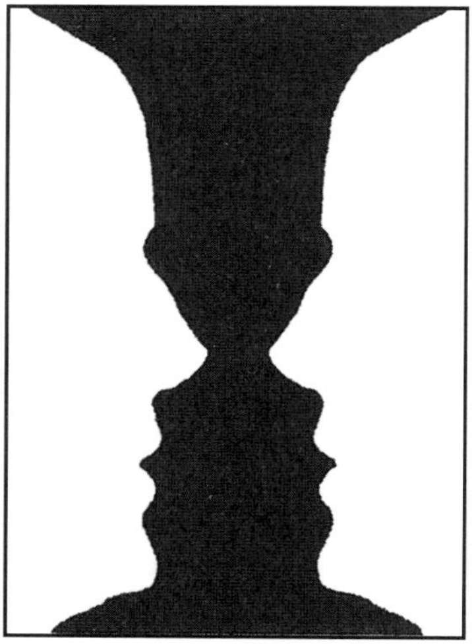

对前景与背景的不同感知

完形治疗法

弗雷德里克·波尔斯（Frederick Perls）和劳拉·波尔斯 (Laura Perls) 夫妇在 20 世纪 40 年代创建了完形治疗法。在创建这一治疗法的过程中，他们吸取了完形感知心理学的早期研究成果，同时，也借鉴了心理学的其他研究成果。比如，西格蒙德·弗洛伊德的研究成果、卡伦·霍妮（Karen Horney）的研究成果，甚至戏剧研究的成果。

与完形心理学强调整体意义的观点相似，完形治疗法也综合考虑病人的行为、言词、姿态诸方面因素，将个人视作一个整体，关注个人是如何应对客观世界的，然后作出诊断和治疗。

早期的完形心理学主要研究图形—背景理论中明显形状和非明显形状的问题。完形治疗法利用这个概念，帮助个人形成自我意识。它引导个人把困难的环境和不良的情绪视为背景，学会在这个背景下找到自己的位置。

常见的完形治疗法技巧

完形治疗法的一个常用技巧是角色扮演。它有助于病人找到办法，解决其他方式所无力解决的问题，帮助病人走出困境。最常用的角色扮演技巧是“空椅子技巧”，病人面对空椅子说话，似乎椅子上坐着一位聆听者。这种技巧使病人有机会倾诉，有助于病人发现解决问题的新方法。

完形治疗法十分强调对梦境的分析，认为梦境表达了病人的心理活动状况，也反映了病人遭受过的痛苦。完形治疗法的另一个常用技巧，是让病人记录两个星期内的梦境，选择其中一个特别重要或者具有特殊意义的梦境，把它再现出来。这种技巧有助于病人恢复对以往经历的回忆。

完形治疗法还有一个常用技巧，是用垒球棍或者拐杖击打沙发，用以发泄愤怒情绪。将愤怒对象视觉化，用垒球棍或者拐杖予以痛击，可以发泄消极的愤怒情绪，转而关注真正的自己。

最后，完形治疗法还有一种最有名也是最简单的技巧。完形治疗法的基本思想是唤醒病人的自我意识。因此，病人必须首先增强自我意识，应当经常对自己说：“我意识到……”，并且按照这种思路规范自己的行为。你可以说：“我意识到，我坐在书桌旁”“我意识到，今天我有点悲伤”，等等。这种技巧帮助病人关注现在，将情绪与解释分开，将情绪与判断分开，有助于病人更清晰地理解自己。

认知心理学

理解大脑的真实运行状况

认知心理学是心理学的一个分支，它研究人们如何获取、处理与存储信息。20 世纪 50 年代以前，心理学的主流是行为主义学派。在随后的 20 年里，心理学的研究重点从对可观察行为的研究，转向对内在心理过程的研究。研究的问题包括注意力、记忆、解决问题的方式、感知、智力、决策和语言处理。认知心理学与心理分析有所不同，它利用科学研究方法来探索心理过程，而不是简单地依赖心理学家的主观感知。

20 世纪 50 年代至 70 年代，通常被称为“认知革命的时代”，在这段时间里，创立了认知心理学的信息处理模式及其研究方法。美国心理学家乌瑞克·奈瑟尔（Ulric Neisser）在 1967 年发表的《认知心理学》（*Cognitive Psychology*）里，首先使用了“认知心理学”这个术语。

认知心理学的两个基本思想

利用科学方法，可以识别和理解心理过程的每个部分，人们可以运用算法或者信息处理规则来描述内心的心理过程。

注　意

按照认知心理学的理论，“注意”是指人们如何主动处理周边环境里特别呈现出来的信息。阅读本书的时候，你也能感受到身边的各种画面、声音和事件。比如，手里这本书的重量，身旁的人打电话的声音，坐在椅子里的感觉，窗外大树的景色，对以往聊天内容的回忆，等等。研究认知心理学的心理学家想探讨的问题是，个人在拥有这些不同感受的同时，仍然能够集中关注某件事情或者某项任务。

注意的 4 种类型

1. **聚焦性注意**：一种短时的反应，只能延续 8 秒钟，具体来说，它可以表现为对听觉、触觉或者视觉刺激的反应。比如，电话铃声或者突发事件会引起人们关注，几秒钟之后，人们又回到原来的工作上，或者思考与此毫无关系的其他事情。

2. **持续性注意**：特定层次的注意，可以产生稳定的结果，随着时间延续，可以不断重复地完成某一任务。比如，如果某个洗碗工具有持续注意的能力，就可以不停地工作，直至完成任务。如果某人注意力不集中，可能做到一半时就停止工作，转而去做其他事情。大多数成年人和青少年的持续注意无法维持 20 分钟以上，他们需要不停地调整自己的持续注意力，才能关注一些用时更长的任务，比如观看电影。

3. **分配性注意**：同一时间里同时关注几件事情。这是少数人才具有的稀有能力，此外，它还取决于同时处理的信息数量。

4. 选择性注意：关注特定的事情，同时过滤掉其他事情。比如，如果身处喧嚣的舞会现场，尽管容易分神，但仍然可以与别人交谈。

无意盲视和隐形大猩猩的实验

无意盲视的意思是，人们在获取太多感知时的一种反应。即便刺激物就在眼前，人们仍然没有意识到它的存在，这就是无意盲视现象。无意盲视现象在所有人的身上都会发生，因为无论在心理上还是在体力上，人们都不可能关注所有的刺激物。有关无意盲视现象的一个著名实验，是丹尼尔·西蒙（Daniel Simon）设计的隐形大猩猩实验。

实验要求一组实验对象观看一部录像短片，短片里有两组人（一组人穿白色汗衫，另一组人穿黑色汗衫），还有两个篮球，两组人分别在自己的组内传递篮球。实验要求实验对象记住每组人的传球次数。

与此同时，两组人分别传球的时候，一个扮演大猩猩的人走到中央，拍拍自己的胸脯，然后走出镜头。

看完录像短片，丹尼尔·西蒙询问实验对象，他们是否注意到一件不寻常的事件。50% 的实验对象说，他们没有看到大猩猩。这个实验告诉我们，在感知与视野的关系问题上，注意力具有非常重要的作用。

解决问题

按照认知心理学的理论，问题被定义为有疑问、有难度和不确定性的事情或者环境。解决问题时的心理过程包括几个环节，比如发现、分析、解决问题，最终的目标是克服障碍，采用尽可能好的方案解决问题。

解决问题的流程

研究人员发现，解决问题最好的方法，就是遵循一系列步骤，即遵循解决问题的流程。不过，需要注意的是，即便按一定顺序将这些步骤排列起来，人们也很少会严格遵循流程；相反，他们会跳过一些步骤，或者在必要时多次返回到之前的步骤，直至达到理想的结果为止。

1. **确认问题：**作为第一步，首先应当确认问题。尽管这无须多言，不过，如果把问题产生的根源找错了，会出现效率低下或者南辕北辙的结果。

2. **确认问题和确认边际：**如果问题确实存在，就要对问题作出完整的定义，为解决问题创造条件。换句话说，既然承认问题确实存在，那么对问题所做的定义也会更加清晰。

3. **形成解决方案：**形成方案的过程，取决于形成问题的具体环境和个人独特的思维方式。

4. **整理与问题相关的信息：**必须整理获取到的所有信息，为形成方案做好准备。

5. **分配和利用必要的心理资源和物理资源：**按照问题的重要性，合理分配经费、时间等资源。如果问题并不重要，过度利用资源就是不必要的。

6. **检测过程：**如果没有进展，就应当重新评估方案采用的方式，必要时寻求其他解决方案。

7. **评估结果：**为确认采用的方案是否最佳，需要对结果作出评估。可以是定期评估，比如对强化体育锻炼的效果评估；也可以是即时评估，比如检查数学作业是否正确。

解决问题的认知策略

有两种类型不同的问题，即定义清晰的问题和定义不清的问题。定义清晰的问题有着清晰的目标，寻求解决问题的路径非常明确，根据掌握的信息，很容易锁定需要解决的问题。而定义不清的问题，没有清晰的认识路径，也缺少恰当的解决方案，需要做深入的调查，才能确定问题所在，理解问题形成的原因，最终解决问题。

要确定定义不清的问题，仅仅运用规则是不够的，还必须搜集和分析信息，才能形成解决方案。定义不清的问题可以由定义清晰的子问题构成。为了找到解决方案，有必要综合运用多种策略。一些研究人员发现，解决问题可以有 15 种不同的策略。以下是最常用的几种策略。

1. **头脑风暴法：**列出所有选项，不作任何评估，然后分析这些选项，选择其中的一种。

2. **类比法：**采用在解决相似问题时所采用的方法。

3. **分解法：**将一个庞大而复杂的问题，分解为详细而简单的许多子问题。

4. **假设测试：**基于问题的形成原因提出假设，搜集相关信息，并且进行测试。

5. **实验和纠错法：**不断测试各种解决方案，直至找到正确的解决方案。

6. **研究法：**修改和利用解决相似问题时所采用的思路。

7. **方法 / 目标分析：**在解决问题的各个阶段，都采取必要的措施以逐步接近目标。

记 忆

按照认知心理学的理论，记忆是指获取、存储、保留与检索信息的过程。记忆包含三个主要过程：编码、存储和检索。

要形成新的记忆，首先要对信息进行编码，将信息转换成可以利用的形式。经过编码，信息就存储在人们的记忆里，便于人们以后使用。人们都没有意识到大部分记忆的存在，只是在需要时才会想起它们。在需要回忆内容的时候，人们可以通过检索找到这些信息，处于存储状态的记忆就会进入人们的意识。

为了理解记忆的基本功能和结构，可以看一下记忆的阶段示意图，它有 3 个独立的阶段。

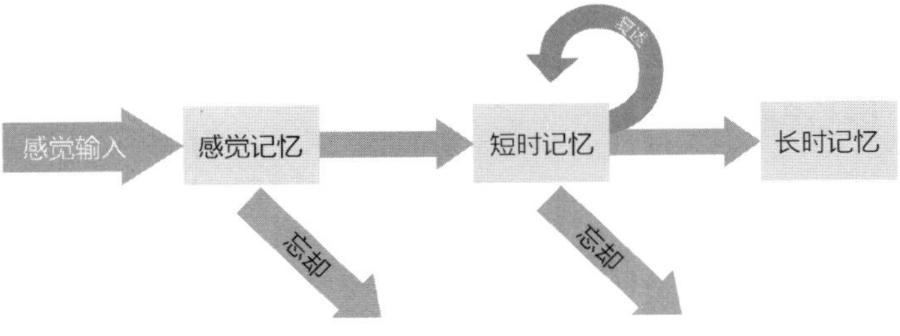

记忆的形成过程

1. **感应记忆：**这是记忆过程的最初阶段。从周围环境里搜集到的感应信息，是所见或者所听的结果，只能保存较短的时间。听觉信息通常只能保存 3 ～ 4 秒钟，视觉信息通常只能保存不到半秒钟。只有特殊的感应记忆才会被记住，才能进入记忆的下一阶段。

2. **短期记忆：**也称为积极记忆，其内容是人们当前思考或者意识到的信息。这种信息可以保存 20 ～ 30 秒钟，是关注感应记忆而形成的。短期记忆通常会被迅速遗忘，不过，如果采用重复的方式予以强化，就可以进入记忆的下一阶段。

3. **长期记忆：**对信息的持续储存。弗洛伊德把长期记忆称作无意识或者前意识记忆。这种记忆脱离于意识，但需要时可以调出并予以利用。有的信息很容易回忆，有的信息却很难被记住。

短期记忆与长期记忆的区别

在检索记忆的过程里，短期记忆与长期记忆有着明显的区别。短期记忆按照顺序存储与调出，其中大部分都是感应记忆。比如，如果有人告诉你一个词汇表，要求你记住第六个词，你需要按照听到的词的顺序进行回忆，才能回忆起第六个词。而长期记忆是基于意义和联想而储存和获取的。

记忆的组织方式

人们可以从长期记忆里检索和回忆起信息，因此，在交流的时候，在作决定的时候，在解决问题的时候，就可以利用长期记忆所存储的信息。不过，记忆的组织方式至今仍然是一个谜团。不过，可以确定的是，人们可以通过类聚的方式，把记忆的内容组织起来。

在聚类的过程里，可以把信息按其类别分开，以方便记忆。

比如，请看以下一组词：

绿色

饭桌

覆盆子

蓝色

书桌

香蕉

桃子

洋红色

衣柜

看过这份清单之后，把目光移开，尝试写下所有词，你的记忆会把这些词分成三类：颜色、水果和家具。

舌尖上的话

研究表明，在说话的时候，用很长时间才能想起的词，以后再用这个词时，同样会用很长时间。

记忆在我们的生活里具有非常重要的作用。无论是短期记忆还是长期记忆，我们的经验和观察世界的方式，都是由我们的记忆决定的。即便我们完全理解了记忆的作用，就其基本层面而言，记忆的奥秘依然是一个谜。

认知失调理论

与自己搏斗

1957年，心理学家利昂·费斯廷格（Leon Festinger）提出了认知失调理论。这个理论认为，每个人都有一种内心驱动力，希望在其所有的态度与信仰（认知）中，避免失调状态（或不和谐状态），从而在自己的认知活动中达到和谐（顺畅）的状态。

如果有人同时产生相互矛盾的认知，并且因此而感觉不适，这就是认知失调现象。为了减少不适、恢复平衡，必须对认知的方法做出改变。

费斯廷格在研究异教团体成员的过程里，开始对认知失调的现象进行调查。他观察到，这些异教徒认为，人类居住的行星将被一场特大洪水摧毁。一些信徒对人类毁灭的远景持有极端态度，在灾难来临之前，他们要卖掉自己的家园，舍弃自己的工作。他们预测的特大洪水从未降临，在这样的情况下，费斯廷格计划调查异教徒对此会有什么反应。

一些异教徒承认，他们做了蠢事，于是就脱离了异教团体；那些依然忠实于异教团体的信徒，开始重新解释相关的证据，期盼这些证据可以支持自己的理论，在他们看来，地球能够得到拯救，正是基于众多异教徒的忠诚态度。

在认知相互矛盾的时候，这个异教团体的成员会试图改变自己的信仰，从而恢复信仰的一致性与和谐性。

博士定义

认知：这是知识的一部分，表现为情绪、行为、思想、信仰、价值观或者态度。比如，有些知识有助于你接住棒球，有些知识会让你明白有一首歌曲会让你感到快乐，有些知识会让你喜欢绿色：这些知识都是认知。一个人可以同时获得多种认知，一种认知可以和其他认知保持和谐的关系，也可能与它们处于不和谐的状态。

认知失调实验

如果一个人被迫当众做了他私下都不愿意做的事情，就会生成不适的感觉。这就在认知与行为之间形成了失调的状态，因为认知会告诉自己："我不想这么做。"这就是人们常说的"被迫依从现象"。一旦做了有悖于信仰的事情，便会产生这种感觉。

已经发生的行为是无法改变的，缓解失调状态的唯一方法，就是重新评价并且改变对这个行为的看法。为了证明"被迫依从现象"的存在，利昂·费斯廷格和詹姆斯·卡尔史密斯（James Carlsmith）合作实施了以下实验。

实 验 | 认知失调无聊实验

1. 将实验对象分为两组：A 组和 B 组。A 组对实验内容一无所知，B 组听取了有关实验内容的介绍，按照这个介绍所说，这个实验是好玩的，也是有趣的。
2. 实验开始后，要求实验对象完成一系列非常枯燥、重复性很强的任务。在开始后的半个小时里，要求实验对象用一只手将 12 个线轴放到盘子里，再拿出来，然后不断地重复这个动作。在随后的半小时里，要求实验对象在盘子里按顺时针方向将方钉转动一个直角，同样也只能用一只手。一旦任务完成，盘子里 48 个方钉全都被转动了一遍，实验对象要继续重复以上步骤。
3. 完成任务之后，要采访实验对象，调查他们从中得到了多大的乐趣。
4. 邀请大约三分之一的实验对象进入本阶段。他们组成了实验控制组。在解散之前，实验对象要在采访过程里讨论，实验还有哪些地方需要改进。
5. 其余的实验对象会获得一个机会，他们也可以成为实验操作者。他们需要做的事情，就是以乐观的态度告诉下一组实验对象在实验里需要完成什么任务。下一组实验对象里一半的人可以得到 1 美元的报酬，另一半人可以得到 20 美元的报酬。
6. 再次采访实验对象，要求他们对与实验相关的四个问题进行重要性的排序：他们要做的工作是否好玩儿，是否有趣（分值从 –5 至 +5）；实验是否让他们学到了技能（分值从 0 至 +10）；他们是否相信，实验得出了重要的结论（分值从 0 至 +10）；他们是否愿意再次参加类似实验（分值从 –5 至 +5）。

实验结果

在费斯廷格和卡尔史密斯最初设计的实验中，在 71 个实验对象中，由于各种原因，其中的 11 个人的反应不符合实验的要求。在其余 60 人的反应里，具体的得分情况如下：

采访的问题	实验条件控制（N=20）	实验条件 1 美元（N=20）	实验条件 20 美元（N=20）
任务的趣味性如何（–5 至 +5）	–0. 45	+1.35	–0.05
学到了多少技能（0 至 +10）	3.08	2.80	3.15
科学重要性（0 至 +10）	5.60	6.45	5.18
你会再次参加类似实验吗（–5 至 +5）	–0. 62	1.20	–0. 25

费斯廷格和卡尔史密斯认为，第一个问题的答案是最重要的，上述结果确认了认知失调的现象。实验控制组没有获得任何报酬，因此，他们对实验的看法是真实的（给了 –0.45 的负数评价）。报酬为 1 美元的小组和报酬为 20 美元的小组，他们对实验的看法出现了极大的差异，可以用认知失调的理论解释这个现象。

实验对象分别获得两种不同的认知。一种认知认为：“我告诉别人，实验很有趣。”另一种认知认为：“我真的觉得，实验很枯燥。”如果报酬仅为 1 美元，实验对象会寻求内心安慰，给自己的态度寻找理由，试图相信自己是来找乐子的，而不是为了挣钱。不过，费斯廷格和卡尔史密斯认为，报酬为 20 美元的那个小组就是为挣钱而来的。报酬仅为 1 美元的那个小组，没有参加实验的充分理由，从而导致认知的失调。

内驱力减少理论

尝试让自己保持平衡

20 世纪 40 年代至 50 年代，行为主义学派的心理学家克拉克 • 赫尔（Clark Hull）创立了内驱力减少理论，运用这一理论解释人类行为。概括地说，赫尔认为所有人都有生物需求，也就是他所说的“内驱力”。它驱使我们的行为，导致某种不愉快的状态。赫尔相信，内驱力是紧张情绪或者冲动情绪的内心体现，具有生理或者生物的特征。源自愿望的动机，其主要作用是减少内驱力。在赫尔看来，为了得到内心安宁，减少内驱力是至关重要的一环。在赫尔的理论里，经常举出的内驱力实例包括：渴望、饥饿、保暖等需求。为了减少这些内驱力，我们经常酗酒、吃东西、穿衣服太多而调高空调的温度等。

吸收了伊万 • 巴甫洛夫、查尔斯 • 达尔文（Charles Darwin）、约翰 • B. 华生和其他一些心理学家的思想，赫尔在体内平衡的概念上建立了内驱力减少理论。在他看来，行为是保持体内平衡的一种方式。

博士定义

体内平衡：身体需要达到一定程度的均衡，或者平衡，并保持这种均衡状态，这就是体内平衡的概念。比如，人体控制体温的方式，就是一个例子。

赫尔被认为是新行为主义的心理学家。在他看来，条件设置和强化方式可以用来解释人的行为。行为通过减少内驱力而得到强化，在必要的情况下，这个强化过程会增加该行为再次发生的可能性。

行为的数学演绎理论

在发展内驱力减少理论的同时，赫尔还试图创立一种学习与行为模式，作为与该理论配合的实践指导，以更深刻、在技术上更容易理解的方式，揭示内驱力是如何影响行为和思想的。他归纳的等式，就是“行为的数学演绎理论”，如下所示：

$$sEr = V \times D \times K \times J \times sHr - sIr - Ir - sOr - sLr$$

◎ sEr：表示潜在的刺激因素，即一个机体对某个刺激物 (s) 形成反应（r）的概率

◎ V: 刺激物

◎ D: 内驱力长度，它取决于生物性缺失的程度

◎ K: 目标尺度，即所谓的激励性动机

◎ J: 寻求强化方式前的延迟

◎ sHr：某种习惯的长度，它取决于以往的条件设置状况

◎ sIr：所谓的条件抑制，是以往强化不足或强化缺失所导致的结果

◎ Ir：所谓的反应抑制，与之对应的被称为昏睡或疲乏

◎ sOr：对偶尔过失的宽容程度

◎ sLr：所谓的反应门槛，或者形成理解力所需要的最低强化程度

对内驱力减少理论的批评

赫尔有关科学方法及实验技术的研究成果，对心理学的发展产生了深远的影响。不过，时至今日，内驱力减少理论已经被人基本淡忘。在他设计的公式里，对变量做了狭义的定义，由此导致的结果是，运用他的内驱力减少理论，很难基于可重复变量对人的行为作出预测。

内驱力减少理论存在的最大问题之一，是没有考虑到次级强化物的作用，也没有考虑它们在减少内驱力方面是如何发挥作用的。当原级强化物应对具有生物性或者生理性的内驱力时，次级强化物确实没有减少这种生物性或者生理性的需求。比如，金钱是一种次级强化物。金钱不能减少内驱力，却可以作为强化的资源，帮助人们获得原级强化物，从而减少内驱力。

对赫尔内驱力减少理论的另一个批评是：某些行为并没有实际地减少内驱力，但是人们仍然会作出这样的行为。内驱力减少理

论没有对此作出解释。如果不觉得口渴，为什么要喝水？如果不觉得饿，为什么要吃饭？有人参加蹦极运动或者跳伞运动会加剧心理紧张的程度。这些运动没有满足任何生物性需求，甚至使参与者处于危险状态。不过，虽然内驱力减少理论存在着缺陷，但是，赫尔的这个研究成果却激发了一代心理学家的研究兴趣，他们试图从更深的层次去理解，导致人们在其环境里采取行动的确切原因究竟是什么。

哈里·哈洛（1905—1981）

他没有胡闹

哈里·哈洛（Harry Harlow），原名哈里·以色列（Harry Israel），1905 年 10 月 31 日出生于美国爱荷华州（Iowa）的费尔菲尔德（Fairfield）。哈里·以色列曾经在俄勒冈州（Oregon）的里德学院（Reed College）读书，后来转学到斯坦福大学，转学的目的是想主修英语专业。1930 年，他改名为哈里·哈洛，从斯坦福大学毕业，获得文学学士和心理学博士学位。

毕业之后，哈洛最初在威斯康星—麦迪逊大学教书，并且用了一年的时间，创建了心理学灵长目动物实验室（Psychology Primate Lab）。1964 年该实验室与威斯康星地区灵长目动物实验室（Wisconsin Regional Primate Lab）合并。在哈洛担任该研究中心的主任期间，他做了很多重要却引起极大争议的实验。

哈洛的研究工作围绕“爱”的课题而展开，他对盛行一时的依恋理论提出质疑。依恋理论认为，爱源于母亲的喂食，然后延伸到家庭的其他成员。

1957 年，哈洛开始实施最著名（也是声名狼藉）的实验，即以恒河猴作为实验对象，证明爱会产生什么效果。这项研究工作不仅对心理学界形成了极其重大的影响，而且对改变儿童养育机构的教学方式，也产生了重要的作用。儿童养育机构包括：孤儿院、社会服务群体、儿童领养机构、儿童照料机构等。

哈洛研究有关“爱”的课题，但是，他的爱情经历却相当曲折和复杂。1932 年，他与第一任妻子结婚。他们生育了两个孩子，又在 1946 年离婚。就在同一年，哈洛与一位儿童心理学家结婚，婚后又生育了两个孩子。哈洛第二任妻子与癌症进行了长期的抗争，于 1970 年去世。1971 年，哈洛与第一任妻子事实上复婚了。第二任妻子去世后，哈洛得了忧郁症，并且开始酗酒，与子女的关系也渐渐疏远。哈里·哈洛于 1981 年 12 月 6 日去世。

哈里·哈洛获得的荣誉

哈里·哈洛一生获得很多荣誉和奖项，其中包括以下几项：

◎ 美国陆军部人力资源研究处主任（1950—1952 年）
◎ 美国国家研究委员会人类学及心理学部主任（1952—1955 年）
◎ 霍华德·克罗斯比沃伦奖章（1956 年）
◎ 美国心理学会主席（1958—1959 年）
◎ 美国国家科学奖（1967 年）
◎ 美国心理学基金会金奖（1973 年）

恒河猴实验

有心理学家认为，最初的母子关系建立在为孩子缓解饥渴、获取食物及避免伤痛的基础上。哈洛反对这个观点，为此，他以年幼的恒河猴为实验对象，设计了一系列实验，试图描述爱的含义，并且划分出爱的不同类型。年幼的恒河猴实际上比人类的婴儿成熟得多，不过，与人类的婴儿一样，它们也会表达不同的情绪，也需要得到照料。

哈洛最著名的实验之一，是创造了两位“母亲”的形象，供年幼的恒河猴挑选。恒河猴生下恒河猴婴儿的几小时后，哈洛就把恒河猴婴儿抱到两位人为设置的“母亲”面前。一位“母亲”用软绒布制作而成，“她”没有食物喂养恒河猴婴儿；另一位“母亲”用电线制作而成，身上绑着一个装有食物的瓶子。

哈洛注意到，恒河猴婴儿只是在需要时才接近“电线母亲”，目的是获取食物，一旦得到食物便迅速离开，不过，它却非常喜欢与“软绒布母亲”相处，常常把食物反刍给“母亲”。哈洛的研究结果证明，恒河猴婴儿并非只有生理需求，母亲与婴儿的关联绝不能简化为喂养和被喂养的关系。

随后，哈洛把猴子分成两组：一组恒河猴婴儿与“软绒布母亲”在一起，另一组恒河猴婴儿与“电线母亲”在一起。这两组恒河猴婴儿吃相同数量的食物，以相同的速度生长。但是，两组恒河猴婴儿的行为却产生了很大的差异。哈洛的解释是，与“软绒布母亲”相处的恒河猴婴儿对“母亲”有感情依恋，而与“电线母亲”相处的恒河猴婴儿对“母亲”却没有感情依恋。

如果某个物体和声音惊吓了与“软绒布母亲”相处的恒河猴婴儿，它们就会跑到“母亲”那里寻求安全，与“母亲”发生身体接触，直至平静下来。可是，如果某个物体和声音使与“电线母亲”相处的恒河猴婴儿受到惊吓，那么这些恒河猴婴儿便只是趴在地板上，身体前后晃动，然后停在原地，开始尖叫。哈洛注意到，与“电线母亲”相处的恒河猴婴儿的行为，与自闭症儿童的行为十分相似，与禁锢于精神病院那些成年人的行为也很相像。

完成了上述实验之后，哈洛又实施了更加残忍的实验。为了验证“母爱缺失可以弥补”的观点，哈洛在一些恒河猴婴儿出生后，就把它们关到一个完全隔绝的空间里长达8个月之久。对这些恒河猴婴儿来说，这意味着无法和其他猴子交流，也得不到任何来自替代性母亲的爱。这个实验给恒河猴婴儿带来了巨大的精神伤害。让恒河猴婴儿在不同的时间长度里体验缺少母爱的环境，哈洛最终得出的结论是，母爱的缺失是可以弥补的，但前提条件是，猴子缺失母爱的时间长度不能超过90天，人类缺失母爱的时间长度不能超过6个月。

哈洛研究成果的影响

哈里·哈洛的研究工作引起了很大的争议。按照现在的标准，他的实验是很残忍的，不过，他的研究成果确实具有极其重要的意义，对儿童抚养、儿童照料、儿童领养机构、孤儿院和社会服务机构的设立和功能发挥，都有重要的影响。

哈洛用无可辩驳的证据证明，在健康儿童的发展过程中，爱是一个至关重要的因素，母爱的缺失可能导致严重的感情伤害。在治疗受虐儿童和缺教儿童的过程里，他的研究成果具有重要的指导作用；此外，他的研究成果还证明，在培养儿童感情和心智的问题上，领养儿童是一种很好的方式，它的作用是儿童照料机构无法比拟的。

让·皮亚杰（1896—1980）

有关儿童的发展

让·皮亚杰（Jean Piaget）1896年8月9日出生于瑞士的纳沙泰尔（Neuchâtel）。他的父亲是研究中世纪文学的教授。根据皮亚杰后来的回忆，他的母亲是精神病患者，而母亲的行为最终引发了皮亚杰对心理学的兴趣。

高中毕业后，皮亚杰在纳沙泰尔大学获得自然科学博士学位。在苏黎世大学度过一个学期后，他对心理分析产生了兴趣，很快就移居法国。皮亚杰在艾尔弗雷德·比纳（Alfred Binet）创建的男子学校工作期间，开始从事儿童发展心理的实验性研究。在皮亚杰之前，儿童认知发展研究的一致看法是：与儿童相比，成人在思维方面具有更强的能力。在比纳的男子学校工作期间，皮亚杰发现，儿童在回答逻辑思维问题时如果出错了，他们会找出各种理由进行辩解，皮亚杰对这些理由产生了研究兴趣。皮亚杰由此开始对儿童认知发展进行系统的研究，他是从事这项研究的第一位学者。

1923年，皮亚杰与瓦伦坦·查特奈（Valentine Châtenay）结婚，并一起生育了三个孩子。皮亚杰对儿童情绪和心理发展一直持有兴趣，此刻，他开始非正式地研究自己孩子的心理发展过程。通过对孩子的观察，他取得了最重要也是最有名的研究成果：认知发展过程论（The Stages of Cognitive Development）。

皮亚杰出版了60余部专著，发表了几百篇论文，他的研究成果不仅对心理学产生了重要影响，也深远地影响了教育学、社会学、经济学、法律学和认识论的发展。让·皮亚杰于1980年9月16日去世。

皮亚杰的认知发展理论

皮亚杰开始进行认知发展理论研究的时候，他的研究工作与以往的研究成果之间存在着巨大的差异。

◎ 皮亚杰不研究所有的学习者，只研究儿童的学习状况。

◎ 皮亚杰的理论不研究对特定行为的认知，也不研究对信息的了解，他只研究认知的整体发展。

◎ 传统理论认为，认知发展过程是一个渐进的过程，随着行为数量的增加，行为也趋于复杂；皮亚杰的理论与此不同，认为认知的过程包括不同的阶段，可以用定性的方式予以界定。

皮亚杰认为，儿童的能力不比成年人差。在他看来，儿童生来就有一种基本的心理结构，这是遗传和进化的结果，知识积累和学习习惯也源于这种心理结构。根据这个基本概念，皮亚杰试图解释婴儿与儿童心理发展的过程与机制，这个过程与机制可以帮助他们理性地思考，为他们的思考提供依据。皮亚杰认为，儿童能够形成理解环境的能力，懂得什么是已知的，什么是有待发现的。他的认知发展理论可以分为三个部分：

1. 图式

图式是知识的基本模块或者基本单位。每个图式都与客观世界的某个部分相关，比如行为、物体或概念。每个图式都是对客观世界的一系列相互关联的表述，可以用来理解特定的环境，做出相应的反应。比如，如果家长给孩子看一张狗的图画，孩子的大脑里就会形成有关狗的图式：狗有四条腿、一根尾巴、两只耳朵，等等。

如果儿童能够利用已有的图式解释其中的意思，他们就处于均衡的状态，也就是心理的平衡状态。

图式可以存储，便于以后使用。比如，儿童可以存储在餐馆里点菜的图式，以后再去餐馆就餐的时候，他们面对这个相似的环境，就可以运用已经掌握的这个图式。

皮亚杰还认为，某些图式以遗传编码的方式成为儿童心理的一部分，比如，儿童都有吸吮物体的冲动等。

2. 由一个阶段转入另一阶段的过程

皮亚杰认为，智力发展是适应环境和持续保持心理平衡状态的结果。知识的适应性有两种方式：

◎ **同化**：利用现有的图式，将其运用于新的环境。

◎ **顺应**：改变现有的图式，以便容纳新的信息。

为了更好理解同化和顺应的作用，可以看一下童年时的情境：

家长告诉孩子有关狗的样子，孩子就有了关于狗的图式：四条腿、一根尾巴、两只耳朵等。如果孩子身边有一条真正的狗，他很快就看到，狗的身上还有原先图式尚未表述的特征，比如，狗的身上有毛、喜欢舔东西、经常吠叫。由于最初的图式尚未表述这些特征，在真正的狗与最初的图式之间就存在不平衡的现象，儿童就要思索其中的原因。如果家长告诉他，这些也是狗的特征，知识的同化性就得到了体现，孩子重新获得了平衡的状态，因为他们把新的信息融入了最初的图式。

但是，如果孩子看到了一只猫，会出现什么情况？猫的某些特征与狗相似，不过，猫是另一种类的动物。猫的叫声与狗吠不同，猫擅长攀爬，跑动和行为方式与狗有着明显的差别。看到了猫，孩子又处于不平衡的状态，他需要容纳新的信息。于是，新的图式开始形成，孩子将再次获得平衡的状态。

3. 发展的几个过程

皮亚杰认为，认知发展分为四个阶段。不论儿童处在何种文化背景，也不论他们住在哪里，他们都要经历这四个阶段，而且前后顺序也完全相同。不过，有些儿童可能永远也达不到最后几个阶段应有的水准。

感知运动阶段（出生—2 岁）

在这个阶段，儿童意识到物体的永存性，也就是说，儿童开始意识到，即便他们没有看到或者听到某个物体，它们同样也会存在。

前运算阶段（2 岁—7 岁）

在这个阶段，儿童形成了以自我为中心的意识，也就是说，在 2 岁到 7 岁的这段时间里，儿童还不能理解别人的意见。

具体运算阶段（7 岁—11 岁）

在这个阶段，儿童关注于事物的守恒性（Conservation）。他们仍然不能理解抽象的或者假设的概念；不过，他们开始对具体事件进行合乎逻辑的思考。

形式运算阶段（11 岁及以上）

在这个阶段，儿童开始在大脑里构建思想，进行抽象思维。正是在这个阶段，儿童的演绎推理、逻辑思考和系统规划的能力开始形成。

对皮亚杰理论的批评

对皮亚杰理论的批评，主要集中在他的研究方法上。皮亚杰在研究工作中，不仅研究了自己的三个孩子，还研究了其他的孩子。这些孩子的家庭都有较高的社会经济地位，这意味着皮亚杰的研究对象缺少足够的典型样本，导致其研究成果无法上升为具有普遍意义的理论。一些研究结果还否定了皮亚杰的这个观点：儿童自动地从上个阶段进入下个阶段。很多心理学家认为，不能忽视环境因素的重要作用。

此外，一些研究人员认为，皮亚杰实际上低估了儿童的能力；年仅四五岁的儿童以自我为中心的程度，远远低于皮亚杰所说的那个程度，他们对认知过程具有更深刻的认识。不过，皮亚杰的理论促使人们关注儿童智力发展的机制，成为诸多心理学理论的重要基础，即便是那些否认皮亚杰研究结果的理论，实际上也利用了他的研究成果。

阿尔伯特·班杜拉 （1925— ）*

通过观察别人而学习

阿尔伯特·班杜拉（Albert Bandura）1925 年 12 月 4 日出生于加拿大的蒙达（Mundare）小镇。班杜拉的父亲为横贯加拿大的铁路铺设过轨道，母亲在小镇一家杂货铺工作。

班杜拉小时候在小镇唯一的学校读书，学校只有两位教师，因此，在教育问题上，班杜拉必须采取主动积极的态度。高中毕业之后，班杜拉进入英属哥伦比亚大学。他在大学时代最初主修生物科学，由于偶然的原因，开始对心理学产生兴趣。他到大学报到时，所在的班级还未开课，他就先参加了一个“填空班”以消磨时间。有一天，他快速浏览了一本课程目录，临时起意，选择了心理学专业。

班杜拉只用了 3 年时间就修完了心理学的课程，于 1949 年从英属哥伦比亚大学毕业，随后又就读于爱荷华大学研究生院，攻

---

* 阿尔伯特·班杜拉：美国当代著名心理学家，2021 年 7 月 28 日去世，享年 95 岁。——编者注

读博士学位。1952 年班杜拉获得博士学位，随后在斯坦福大学得到一份教职，在那里从事教学工作至今。

班杜拉以其社会学习理论而著称。这个理论证明了并非所有的行为都因奖励或者强化措施而导致，这是行为主义坚持的一个观点。相反，他提出一种略有区别的社会压力理论，这个理论有助于理解学习行为。这是一种更现代化的研究方法，至今仍有很高的价值。

社会学习理论

班杜拉 1977 年提出的社会学习理论，是心理学领域最有影响的学习理论之一。这个理论认为，学而得之的行为不是奖励或者强化措施的结果，它是通过观察而获得的。他认为，通过观察周围之人的行为，人们就可以判断出什么行为才是得体的。

人们周围有很多对象可供观察。比如，自己的父亲、同学、老师，甚至电视剧里的主人公。这些对象既有男性的行为，也有女性的行为，人们可以观察这些行为，予以编码，以供自己模仿或者复制。人们很可能会模仿相似之人的行为，通常情况下，所谓的相似之人就是同一性别的人。班杜拉的社会学习理论有 3 个主要概念，如下：

1. 通过观察而学习的行为模式

行为对象可以是活生生的个人模式（比如，实施某种行为的个人），可以是发出指令的言辞模式（对某种行为所作的解释或者描述），也可以是符号模式（书籍、电视和电影所描述的某种行为）。

2. 心理状态是学习的重要因素

在学习某种行为的过程里，环境的强化因素是一个重要因素，但并非唯一的因素。在班杜拉看来，满足、骄傲、成就感，就是内在或内心的几种强化因素。换句话说，内在的思想在学习行为模式的过程里具有重要的作用。

3. 学习不意味着会改变某种行为

行为主义者认为，学习某种行为方式，会导致个人行为的永久改变，不过，班杜拉却证明了：通过观察而学习的这种方式，在无须表现某种行为的情况下，也可以获得新的信息。反过来说，观察到某种行为，并不意味着就要学习这种行为。社会学习要想获得成功，必须具备如下条件。

◎ **注意力**。为了学习，就必须集中注意力，任何分散注意力的行为都对观察式学习产生负面的影响。

◎ **保存**。必须学会保存信息，才能在以后提取并运用这些信息。

◎ **行为重现**。集中注意力并保存信息之后，应当将观察到的行为模式付诸实践。练习可以使行为渐趋完善。

◎ **动机**。学习某种观察到的行为，要想取得满意的结果，需要关注的最后一个问题是，必须有充分的动机去模仿这个行为。正是在这个方面，强化和惩处发挥着作用。如果某种观察到的行为模式得到了强化，人们会希望再次做出相同的行为；如果某种观察到的行为模式受到了处罚，人们就可能不再做出这种行为。

波波玩偶实验

为了证明儿童会观察与模仿周围环境中的行为，班杜拉设计了著名的波波玩偶实验。

在实施实验的过程里，班杜拉发现，那些被观察到有攻击性行为的儿童，如果与控制组的儿童以及被观察到有非攻击性行为的儿童相比，会更多地模仿这些攻击性行为，对波波玩偶采取更多的攻击行为。

他还发现，被观察到有攻击性行为的女孩，在面对女性时，会更多地表现为语言层面的攻击行为；在面对男性时，她会更多地表现为身体层面的攻击行为。在模仿身体层面的攻击行为方面，男孩的攻击行为多于女孩；与女孩相比，他们更多地模仿同性别的行为。

通过波波玩偶的实验，班杜拉成功地证明了：儿童可以通过观察别人的行为以学习某种社会行为。比如，在上述的例子里，他们通过观察别人的行为而学会了攻击行为。波波玩偶的实验还否定了行为主义的核心概念，即所有行为都是奖励与强化的结果。

实 验 | 实施波波玩偶实验

1. 实验需要 36 位男孩和 36 位女孩，年龄范围为 3—6 岁。
2. 实验控制组由 12 个男孩和 12 个女孩组成。
3. 实验里的模特儿角色是一个成年男子和一个成年女子。
4. 当成年男子与成年女子对“波波玩偶”的玩具发出攻击时，

实验要求 24 个男孩和 24 个女孩目睹这一现状。除了采用其他方式，他们还手持锤子，猛砸玩具，并把它抛向空中，同时还尖叫："嘭嘭！轰轰""狠狠打它的鼻子"。

5. 另一个由24个男孩和女孩组成的小组，观察着一位模特儿，后者对波波玩偶采取非攻击性的行为。

6. 控制组与模特儿没有任何接触。

卡尔·罗杰斯（1902—1987）

帮助别人就是帮助自己

卡尔·罗杰斯（Carl Rogers）1902 年 1 月 8 日出生于美国伊利诺伊州（Illinois）奥克帕克（Oak Park）地区一个虔诚的新教徒家庭。他十几岁的时候和全家迁移到伊利诺伊州的格兰·爱伦（Glen Ellen）地区，罗杰斯在那里对农业产生了浓厚的兴趣。1919 年，罗杰斯进入威斯康星大学，选择了农学专业，后来转修历史，又转修宗教。

在威斯康星大学读三年级的时候，罗杰斯和 10 位同学有机会参加在中国举办的一次为期 6 个月的国际基督教青年会议（International Christian Youth Conference）。在这次旅行过程中，罗杰斯开始质疑自己的职业选择。1924 年大学毕业后，他进入纽约协和神学院，1926 年又转入哥伦比亚大学教师学院。在哥伦比亚大学教师学院期间，罗杰斯第一次选修了心理学的课程。

获得心理学博士学位后，罗杰斯先后在俄亥俄州立大学、芝加哥大学、威斯康星大学工作。在威斯康星大学工作期间，罗杰斯作出了心理学领域最重要的贡献：创建以病人为中心的治疗方法。

在他看来，客户或者病人才是掌握自身幸福的人，他改变了临床医生的角色定位，认为临床医生不仅是技术人员，更应该是帮助病人寻找幸福的人。临床医生必须表现出同情、和谐和积极的精神。此外，罗杰斯还创造了“自我理论（Self-theory）”，阐述了病人是怎么看待自己的，心理治疗是如何改变病人对自我的看法的。

今天，卡尔·罗杰斯的研究结果被称作“人本主义心理学”。他的心理学理论不太关注心理疾病的诊断，而是更多地关注个人如何自助，最终成为罗杰斯所说的“全面发展的人”。卡尔·罗杰斯于 1987 年 2 月 4 日去世。

自我实现

卡尔·罗杰斯否认行为主义理论（行为主义理论认为，行为是条件的产物），也否认心理分析理论（心理分析理论仅仅关注无意识与生物学的因素）。他在理论上阐述了个人行为的形成，是源于他们感知环境的方式，只有本人才真正明白，自己是如何感知事物的。

罗杰斯认为，每个人都有一种基本的动机，即希望自我实现。

博士定义

自我实现：个人发挥出全部潜能，成为一个全面发展的人，实现了最高层次的“人性”。

理想自我：希望成为的那种人，包括目标与抱负，它一直处于变化的状态。

就其基本意义而言，自我实现可以用花朵作比喻。花朵依附于特定环境，只有在合适的条件下，才能展现全部潜在的美丽。

当然，人类远比花朵复杂。我们依据自身的个性而发展。卡尔·罗杰斯认为，人生而善良，并且富有创造力，只是因为外部条件的限制，或者糟糕的自我概念取代了价值判断，人才会走向毁灭。罗杰斯认为，一个拥有自尊的人，会不停地逼近理想自我，会勇于面对生活中的各种挑战，接受不幸与失败，对自己持有信心，并且保持积极的心态，对别人持开放的态度。为了获得高度的自尊和一定程度的自我实现，罗杰斯认为，每个人必须处于和谐的状态。

心理和谐

如果理想自我与自己的实际经历相似甚至吻合，就可以达到心理和谐的状态。如果理想自我与实际经历之间存在着差异，心理就处于不和谐的状态。

很少有人体验过完全的心理和谐状态，但是，在罗杰斯看来，如果个人的自我意象（即如何看待自己）接近自己正在努力实现的理想自我，就能获得更大的成就感，就能达到更高层次的心理和谐状态。人们希望，他们的自我看法与理想自我能够相互吻合，为此，他们可能会采用某种防卫机制。比如，采取压抑和否认的方式，以减弱对不良自我看法的感受程度，使心理处于较为和谐的状态。

罗杰斯还强调生活中他人存在的重要意义。在他看来，人们需要感受自己在他人眼里的积极形象，因为每个人都有一种内心愿望，希望得到别人的尊重、推崇、挚爱和柔情。罗杰斯将理想的积极关注分为两种类型。

1. **无条件的积极关注：**由于自身的身份而受到关爱和尊重，尤其是来自家长、重要人物和临床医生的关爱与尊重。他们因此而不怕尝试新事物，也不怕犯错，即便错误的后果较为严重。如果达到了自我实现的状态，人们通常会得到无条件的积极关注。

2. **有条件的积极关注：**不是由于自身的身份而受到关爱和尊重，而是因为他们的行为方式得到了别人的赞许，从而得到的积极关注。比如，如果儿童按照父母的要求发生了某个行为，他们就会得到父母的肯定，这就是有条件的积极关注。一些儿童总在寻求别人的肯定，他们长大成人之后，很可能会经常感受到有条件的积极关注。

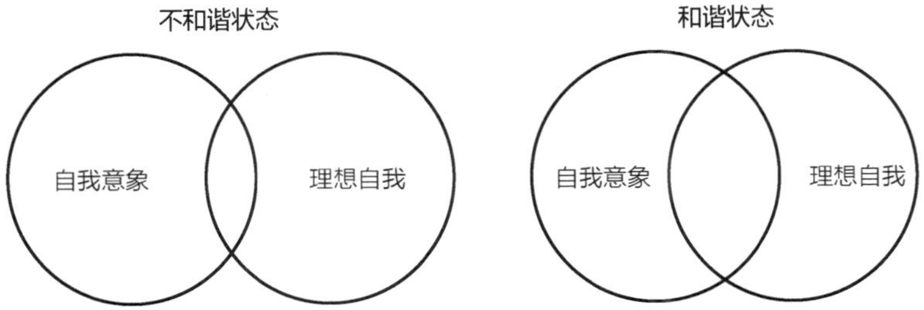

自我意象不同于理想自我。两者只有少量的叠加部分。自我实现会比较困难。

自我意象与理想自我相似。两者有更多的叠加部分。此人可以达到自我实现的状态。

和谐状态示意图

亚伯拉罕·马斯洛（1908—1970）

关注人的潜能

亚伯拉罕·马斯洛（Abraham Maslow）1908 年 4 月 1 日出生在纽约布鲁克林一个俄国犹太人的移民家庭。家里有 7 个孩子，他是年龄最大的孩子。马斯洛后来回忆，当时他是一个害羞的孩子，孤独而且忧郁，年轻时代的大部分时间都在图书馆里度过，沉醉于自己的研究课题。

马斯洛最初在纽约城市学院学习法律专业，很快转入威斯康星大学，开始学习心理学的课程。以恒河猴实验而闻名的哈里·哈洛，成了马斯洛的老师，也是他攻读博士学位的指导教师。马斯洛在威斯康星大学拿到了心理学三个等级的学位：1930 年获得学士学位，1931 年获得硕士学位，1934 年获得博士学位。马斯洛随后在哥伦比亚大学从事心理学的研究，他的导师是阿尔弗雷德·阿德勒，后者是自卑情结理论之父。

1937 年，马斯洛在布鲁克利学院（Brooklyn College）谋得教师的职位（在那里工作到 1951 年）。在这所学院工作期间，马斯洛遇到了两位导师，一位是完形心理学家马科斯·韦特墨，另一位是人类学家鲁斯·本尼迪克特（Ruth Benedict）。马斯洛对这两位学者的职业生涯与个人品质推崇备至，并开始研究他们的理论及其行为方式。从这个时候开始，马斯洛终生都对人类潜能问题和心理健康问题保持兴趣，这也为他日后对心理学的重要贡献奠定了基础。

20 世纪 50 年代，马斯洛已经是人本主义心理学的创建者和理论权威。他没有过多关注疾病或者变态行为，而是更多地关注积极的心理健康问题。人本主义心理学的创建，为不同类型的心理治疗方法奠定了理论基础。这个理论基础指的是，人类具备某种潜能，运用适当的治疗方式就可以达到自我治愈的效果，而临床医生只是起着向导的作用，帮助病人消除某种障碍，促使他们发挥自身的潜能。

亚伯拉罕·马斯洛提出的需求层次理论（Hierarchy of Needs）享誉学术界，这个理论构成了现代心理学思想与教学的基石。该理论认为，人们有满足一系列需求的动机，从满足基本的需求开始，逐步满足更高层次的需求。

1951 年至 1969 年，马斯洛在布兰迪斯大学担任教职；1969 年移居加利福尼亚，在劳格林慈善基金会（Laughlin Institute）工作。1970 年 6 月 8 日，亚伯拉罕·马斯洛因心脏病发作去世，享年 62 岁。

需求层次理论

1943 年，亚伯拉罕·马斯洛首次介绍了他创建的需求层次理论，这个理论的结构通常被表述为一座金字塔。按照马斯洛的观点，在激励个人采取某种行动方面，需求具有重要的作用。基本的需求都处于金字塔的底部；越是复杂的需求，就越接近金字塔的顶部。处于金字塔底部的那些需求，更多地具有生理需求的特征，而处于金字塔趋上部位的那些需求，更多地具有心理需求和社会需求的特征。要想满足处于金字塔顶部的那些需求，必须首先满足处于金字塔底部的那些需求。

生理需求

生理需求是人类最基本的需求，也是生存的基本条件。只有在生理需求得到满足之后，其他需求才可能得到满足。这个层次的需求包括：食物、水、空气、睡眠、体内平衡、两性生殖。

安全需求

安全和不受侵犯，也是生存的重要因素，不过，它们的重要性不及生理需求。这个层次的需求包括：个人安全（比如拥有家庭、拥有安全的邻居环境）、财经安全、健康、抵御意外事件的某种安全措施比如（人身保险）。

爱与归属需求

爱与归属需求，也称作社会需求，包括具有归属感、被爱、被社会接受、不觉孤单。与以上两种需求相比，这个层次的需求不是生存的必备因素，它可以通过友谊、爱情和家庭等形式得到满足，也可以通过信奉宗教、参加社会活动、加入某种群体和组织而得到满足。

尊重需求

每个人都希望得到别人的尊重与推崇，都希望对世界有所贡献。拥有高度的自尊，得到别人的尊重，可以让自己拥有自信心；而自尊程度不足，缺乏别人的尊重，则容易产生自卑感。要得到别人的推崇，要获得较高程度的自尊，方法之一是参加职业活动，参加运动团队，投身某种业余爱好，在这些过程中展示自己的专业成就。

自我实现

在马斯洛需求层次理论的顶部，是自我实现的需求，即实现自己全部潜能的需求。换句话说，人们必须完成他们可以做到的所有事情。按照马斯洛的理论，只有满足上述所有层次的需求之后，才有可能进入这一层次。自我实现的需求含义十分宽泛，但是，它的应用却非常具体。比如，有人希望成为最优秀的画家，或者成为理想的父亲。

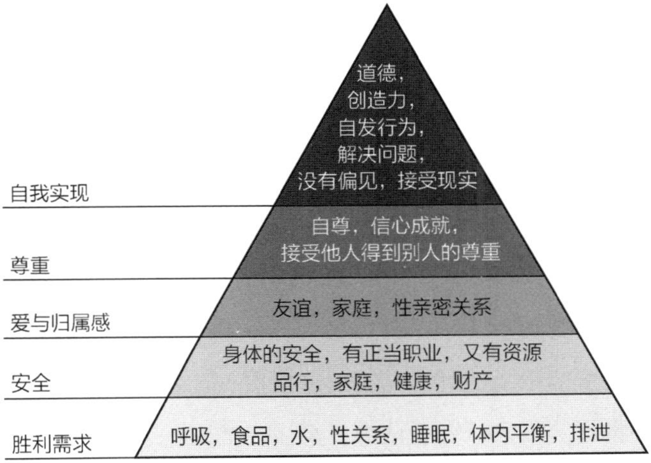

马斯洛需求层次

不同种类的需求

马斯洛确认了不同种类的需求，并且确认了各种需求的不同层次。匮乏需求（Deficiency Needs），也就是所谓的D-需求，是由于某种权利受到剥夺而形成的需求（比如，安全需求、社会需求、尊重需求、生理需求）。这是层次较低的需求，必须得到满足，才能避免不愉快的感觉或者不良的后果。成长需求（Growth Needs），也被称作Being-需求或者B-需求，是基于成长愿望而形成的需求。成长需求不是权利被剥夺后而形成的需求。

对马斯洛需求层次理论的批评

毫无疑问，马斯洛的需求层次理论也招致了一些批评。最重要的是，在界定自我实现的性质时，马斯洛所采用的方法受到了质疑。马斯洛采用了生理分析的方法，也就是用定性的方法，调查了21个人的生平资料和著述。在马斯洛看来，他们已经达到了自我实现的层次。基于对这个特定群体的研究结果，亚伯拉罕·马斯洛创建了需要层次理论。

这就意味着，马斯洛对自我实现的定义，完全建立在对自我实现的主观看法上。因此，他的定义不能被科学方法所证明，也无法被心理学界所接受。

马斯洛认为，需求是分层次的，只有首先满足了较低层次的需求，才可能逐步达到自我实现的层次。这个观点同样引起了学术界的批评。很多研究者认为，生活在贫困状态的人们，仍然有能力去爱和获得归属感；而按照马斯洛的理论，这是根本不可能的。尽管面临各种批评，但无法否认的是，亚伯拉罕·马斯洛对现代心理学作出了重要而意义深远的贡献。他引导心理学摆脱对病态行为的关注，转而关注人性的积极因素，关注人类的心理健康问题以及如何发挥人类全部潜能的问题。

智力理论

对思维本身所做的思维

有关智力的理论依然是心理学领域最具争议的课题，因为对智力标准的定义从未达成一致。有人认为，智力是一种单一能力；也有人认为，智力是才华、技巧和能力的综合。不过，大部分人都认为，智力的要素应当包括：理性思考的能力、解决问题的能力、理解社会规范的能力、遵从习俗的能力、寻找价值的能力、分析具体环境的能力、从经验里学习的能力、满足生活需求的能力、逻辑推理的能力。

即便是现在，在能否精确测量智力这个问题上，心理学家依然众说纷纭。在讨论智力问题的时候，心理学家试图回答如下问题。

◎ 智力可以遗传吗?

◎ 环境会影响智力吗?

◎ 智力包括各种技巧和能力吗? 或者说，它只是一种单一能力?

◎ 智力测试会存在偏差吗?

◎ 智力测试的分数能用于预测个人的未来发展吗?

很多理论都试图解释智力问题，以下是其中的一些主要理论。

一般智力

英国心理学家查尔斯·斯皮尔曼（Charles Spearman）在 1904 年提出了“一般智力（General Intelligence）”的概念，也就是所谓的“g 因素”。斯皮尔曼认为，一般智力确实存在，它影响着心智能力，“g 因素”可以采用心智能力测试的评分体系予以测量。他发现，在认知测试中获得较好成绩的人，在心理能力测试里也会获得较好成绩；反之亦然，在认知测试中成绩不佳的人，在心理能力测试中也会成绩不佳。他的结论是：智力是一种一般认知能力，它可以被测量，也可以用数字来表达。

基本心理能力

心理学家路易斯·赛斯通（Louis L. Thurstone）认为，决定智力状况的是七种“基本心理能力（Primary Mental Abilities）”。这七种能力是：推理能力、语言理解能力、数字能力、感知速度、言辞流利程度、空间想象能力、联想记忆能力。

多元智力理论

心理学家霍华德·加德纳（Howard Gardner）的多元智力理论认为，数字表达方式无法精确描述人类的智力状况。根据他的理论，基于能力与技巧的智力共有 8 种，性质各不相同。人可能在某些智力方面较强，在另一些智力方面较弱。这 8 种智力是：视觉空间智力（事物视像化的能力）、语言—表达智力（书面或者口头使用语言的能力）、逻辑—数理智力（逻辑分析问题、认识模式、运用推理的能力）、身体—动感智力（身体控制与体力运动的能力）、音乐智力（运用节奏、声音和模式思考问题的能力）、人际沟通智力（理解别人并与别人互动的能力）、内心智力（意识自己感觉、情绪和动机的能力）以及感受自然的智力（与自然合拍、探索周围环境、向其他生物学习的能力）。

三元智力理论

心理学家罗伯特·斯坦伯格（Robert Sternberg）的三元智力理论认为，三种不同的因素构成了“成功的智力（Successful Intelligence）”。它们分别是：分析性智力（解决问题的能力）、创造性智力（利用已有技能和以往经验应对新环境的能力）、运用性智力（面对变化的环境及时作出调整的能力）。

智力测验的几个发展阶段

正如智力有多种不同的定义那样，智力测试也有多种不同的方法。随着时间的流逝，智力测验（通常被视为一种工具）经过了不断的演化，最终成为标准化的测试。

阿尔弗雷德·比奈（1905 年）

1905 年，法国心理学家阿尔弗雷德·比奈（Alfred Binet）受聘于法国政府，负责设计一套测试方法，用于评价儿童的智力。法国政府当时通过了一项法律，要求所有 6 岁至 14 岁的儿童必须上学，聘请比奈设计这套测试方法，是希望确认哪些儿童进入小学后需要接受特殊教育。

比奈和同事西罗多·西蒙（Theodore Simon）设计了一系列问

卷，这些问卷涉及学校教育之外的很多事情，比如儿童的记忆、注意力、解决问题的能力等。

比奈后来意识到，一些儿童能够回答较为复杂的问卷，而这些问卷原本是为年龄稍大的儿童设计的；另一些同样年龄的儿童只能回答较为简单的问卷，这些问卷原本是为年龄较小的儿童设计的。根据这些发现，比奈提出了心理年龄的概念，用于测量特定年龄儿童的平均智力。比奈－西蒙提出的智力计算方法，是有史以来的第一个智力测验，也是当今很多智力测验的基础。

斯坦福—比奈智力测验（1916 年）

比奈—西蒙的智力计算方法引入美国之后，斯坦福大学的心理学家刘易斯·特尔曼（Lewis Terman）做了标准化的处理，以美国人作为测验的对象。修订后的版本被称作“斯坦福－比奈智力计算表”，于 1916 年发表。

在这种测验里，一个单独的数字（即智商数值，简称 IQ）用来表示个人的智力分值。IQ 的计算方法是，首先确定个人的心理年龄，然后除以实际年龄，得出的数值再乘以 100。

陆军甲种测验和陆军乙种测验（1917 年）

第一次世界大战爆发之初，陆军急需大量兵源。为了对大量人群进行心理鉴定，心理学家罗伯特·耶基斯（Robert Yerkes，美国心理学协会主席、新兵心理检查委员会主席）设计了两种智力测验：陆军甲种测验和陆军乙种测验。200 万以上的男子参加了测试，军方由此确定了什么人参加陆军后适合做什么工作、适合担任什么职务。

韦氏智力量化表（1955 年）

1955 年，美国心理学家戴维·韦克斯勒（David Wechsler）设计了一种新的智力测验，也就是韦氏成人智力量化表（WAIS）。之后这份量化表又经过了修改，现在我们使用的是韦氏智力量化表的修订版，也就是第三版。

他还设计了针对儿童的智力测验：韦氏学龄前儿童与小学生智力量化表（WPPSI）和韦氏儿童智力量化表（WISC）。

斯坦福—比奈智力测验是根据心理年龄与实际年龄的比例而确定分值的；韦氏成人智力量化表是首先确定个人的分值，将其与同年龄组的分值加以比较，从而确定智力状况的。平均的分值是 100 分。韦氏成人智力量化表的评分方法，就是目前 IQ 测验的标准方法。

你的 IQ 分值意味着什么

斯坦福—比奈智力测验

◎ **19 分及其以下**：极端智力低下

◎ **20—48 分**：严重智力低下

◎ **50—69 分**：中度智力低下

◎ **70—79 分**：轻微智力低下

◎ **80—89 分**：智力勉强合格

◎ **90—109 分**：普通或者正常的智力

◎ **110—119 分**：智力超常

◎ **120—139 分：**智力高度超常

◎ **140 分及以上：**天才或者接近天才

韦氏儿童智力量化表

◎ **69 分及其以下：**智力极其低下

◎ **70—79 分：**处于智力低下的临界线

◎ **80—89 分：**智力低于平均水平

◎ **90—109 分：**一般智力

◎ **110—119 分：**高于一般的智力

◎ **120—129 分：**智力超常

◎ **130 分及以上：**智力极其超常

库尔特·勒温（1890—1947）

现代社会心理学之父

库尔特·勒温（Kurt Lewin）1890 年 9 月 9 日出生于普鲁士莫吉尔诺（Mogilno，现在位于波兰境内）一个犹太中产阶级家庭。1909 年，勒温进入弗莱伯格大学（University of Freiberg）学习医学专业，不过，他随后转入慕尼黑大学，决定改学生物学专业。

1910 年，勒温进入柏林大学，攻读哲学和心理学博士学位。1904 年，他获得心理学博士学位。随后，勒温参加了第一次世界大战，在步兵师里服役。他在四年的时间里不停地作战，还在战斗中负过伤。

1917 年，勒温与一位名叫玛利亚·兰茨贝格（Maria Landsberg）的女教师结婚。这场婚姻只维系了 10 年，但他们生育了两个孩子。1929 年，勒温与格特鲁德·韦斯（Gertrud Weiss）结婚，又生育了两个孩子。

1921 年，库尔特·勒温开始在柏林大学心理学研究所（Psychological Institute of the University of BerLin）讲课，授课的内容是心理学与哲学。他在学生中间很受欢迎，同时也是一位高产作家。1930 年，他受邀担任斯坦福大学的客座教授。勒温最后移民美国，在 1940 年入美国籍，成为美国公民。

美国参加第二次世界大战之际，勒温将其研究成果运用于战争，担任了美国政府的咨询人员。1944 年，勒温创建了社区关系委员会（Commission on Community Interrelations，简称 CCI），与宗教歧视及种族歧视行为进行斗争。此外，他还在麻省理工学院（M.I.T.）创建了团体动力学研究中心（Research Center for Group Dynamics），该中心主要研究团体的性质，以及团体如何影响个人行为。

库尔特·勒温被公认为现代社会心理学之父。他是首次运用科学方法和实验方法研究社会行为的心理学家之一。终其一生，勒温一共出版了 8 部专著，发表了 80 多篇论文。

1947 年 2 月 12 日，库尔特·勒温因心脏病突发去世，终年 57 岁。

勒温的场论

勒温受到完形心理学的启示，也受到艾尔伯特·爱因斯坦（Albert Einstein）有关场论的极大影响。爱因斯坦的场论认为，物体与重力及电磁处于不断的互动状态。勒温试图将爱因斯坦的场论应用于心理学，认为人的行为是个人与环境不断互动的结果。

在勒温看来，个人行为由其环境的总和决定，这些共存因素之和就是所谓的“场（field）”。按照勒温的场论，如何处理自我与周围环境的紧张关系，决定了不同的个人行为。为了全面理解行为的意义，对个人全部的心理场，即勒温所说的“生活空间（life space）”，包括学校、工作、教堂以及家庭，都必须予以足够的关注。

勒温的场论对社会心理学的发展具有重大的意义，有助于普及这样的思想：行为是由环境与个人性格的互动关系所决定的。

领导方式

1939年，库尔特•勒温带领一个研究小组，研究不同类型的领导方式。尽管领导方式的种类多种多样，但是，勒温和团队将领导方式归纳为三种方式：专制方式、民主方式和放任方式。为了便于研究，勒温将一些学生编为三个小组，每个小组各有一名领导人，分别采用其中的一种领导方式。每组的领导人以不同的领导方式向学生教授艺术和手工制作课程。通过这个过程，勒温和他的研究小组研究了每组学生的不同反应。

专制或者独裁的领导方式

采取专制方式的领导人，明确地规定了任务是什么、什么时候完成以及如何完成。这类领导人作决定的时候，很少或者完全不听取小组成员的意见，领导人与部属之间有着清晰的界限。

通过对采取专制方式的领导人的研究，勒温发现，这种决策过程缺乏足够的创造性。领导人在专制领导方式下如果滥用权力，就会表现出专横、独裁、掌控一切的现象。采取专制方式的领导人适合这样的场合：领导人是小组里知识最丰富的人；或者小组必须在极短时间内迅速作出决定。勒温还注意到，从专制领导方式转为民主领导方式，要比从民主领导方式转为专制领导方式更困难。

民主或者参与性的领导方式

勒温的研究结果表明，民主领导方式是一种最有效的领导方式。采取民主方式的领导人会参与小组活动，善于听取别人意见，乐于提供指导性意见。勒温发现，与参与专制领导方式小组的成员相比，这个小组的工作效率不高，但工作质量却很高。采取民主方式的领导人在决策过程里有最终的决定权；不过，领导人也鼓励小组其他成员的积极参与，让他们觉得自己也参与了决策过程，由此激发他们的积极性，使他们更加富有创造力。

放任或者授权的领导方式

在放任的领导方式下，领导人采取不干预的态度，把所有的决策都留给整个小组决定。勒温发现，这种领导方式的效率最低。他注意到，在这个小组里，小组成员对领导人的要求过多，领导人不会独立工作，也很难与人合作。如果小组成员具有某个领域高度的专业水准，采取放任的领导方式就最有效率；不过，在大部分情况下，这种领导方式有损于小组成员的积极性，小组成员的角色定位也会很模糊。

库尔特·勒温把个人行为放到环境之中考察，而不是把个人行为与其以往经历结合起来考察，这是一个重大的突破。很多人认为，库尔特·勒温是社会心理学的奠基人之一。他将完形心理学理论、环境因素的作用、团体动力研究成果即领导力研究成果融于一体，极大推动了心理学方法的发展，有助于加深人们对社会行为的理解。

卡尔·荣格（1875—1961）

内向型人格、外向型人格以及无意识

卡尔·荣格（Carl Jung）1875年7月26日出生于瑞士的凯斯威尔（Kesswil）。他是牧师的儿子，也是家里4个孩子中唯一活下来的孩子。荣格的母亲一直受忧郁症的困扰，经常不在家里，这种状况一直延续到全家迁徙至巴赛尔（Basel），那年荣格只有4岁。

荣格后来回忆，童年时代他喜欢独处，独自一人时是他最快乐的时刻。1887年荣格12岁，有一次他被同学摔倒在地上，当场失去了知觉，由此身患神经质昏厥症。他很快就意识到，昏厥症可以成为不去上学的理由。不过，这种昏厥现象并非假装的，而是神经官能症的症状。荣格在家休息了6个月，医生担心他得了癫痫的疾病。有一天，荣格听到父亲在与别人聊天，父亲担心荣格今后将无法独立生活。从那天开始，荣格就决定投身于学术研究活动。在恢复学校生活前，他仍然经常昏厥，不过最终战胜了病魔，重新回到了学校，也没有再发生过昏厥的现象。后来荣格回忆说，这是他第一次感受神经官能症的滋味。

1895年，卡尔·荣格进入巴塞尔大学（University of Basel）学习医学。有一天，他发现一本论述降神现象的图书。在大学期间的最后几个月里，荣格对降神现象及精神病学产生了浓厚兴趣，决定把研究方向从医学转向精神病学。对他来说，精神病学完美地综合了医学与神灵的因素。1902年，荣格完成了博士论文《论所谓神秘现象中的心理学和病理学》（*On the Psychology and Pathology of So-Called Occult Phenomena*），获得了医学博士学位。

1903年，荣格与艾玛·劳申巴赫（Emma Rauschenbach）结婚，并且开始在伯格尔茨利精神病院（Burgholzli Psychiatric Hospital）工作。荣格与妻子的婚姻关系维系到1955年，妻子在那一年去世了。不过，荣格与其他几位女性也发生了婚外恋情，其中包括他在伯格尔茨利精神病院工作期间遇到的第一位病人，这段恋情持续了数年。

1906年，荣格开始与西格蒙德·弗洛伊德有信件来往。他把自己的作品集寄给弗洛伊德，作品集的名称是《词语关联研究》（*Studies in Word Association*）。两人很快成了好朋友。与弗洛伊德的友谊对荣格的研究工作产生了深远的影响，尤其是引发了他对无意识心理状态的研究兴趣。不过，从1909年开始，荣格开始否定弗洛伊德的某些观点。比如，弗洛伊德强调性的重要性，认为行为的动因就来源于性；而荣格则对符号、梦境、自我分析更有兴趣。1912年，荣格与弗洛伊德的友谊破裂，分道扬镳。

荣格舍弃了弗洛伊德有关性的理论，心理分析领域为此一致谴责他，一些同事及朋友也与他断绝关系。就在这个时期，荣格集中精力深入地研究潜意识现象，创建了分析心理学。

荣格认为，所有人的生活目的，都是把自己的意识和潜意识完全融合在一起，从而成为“真正的自己（True Self）”。他把这个过程称为“个性化的过程（Individuation）”。

卡尔·荣格对他所称的“原始心理学（Primitive Psychology）”有着深厚的兴趣，并为此学习过印度、东非国家和美国新墨西哥州普韦布洛印第安人的不同文化。1961 年 6 月 6 日，卡尔·荣格在苏黎世去世。

博士定义

个性化的过程：倾听被唤醒的想象力与梦境所发出的声音，从而理解、表达及协调个体心理的诸多因素，最终获得“真正的自我”的过程。按照荣格的观点，每个人的无意识中都有某些原始意象，他把这些意象称为“原型（Arche-types）”，它们是普世主题和普世模式的映射。这些原始意象类似于人的本能，我们可以不学而知、不学便会，能够帮助我们归纳以往的经验。

原　型

和弗洛伊德一样，卡尔·荣格也认为人类心理由三个部分构成。不过，他提出的概念与弗洛伊德的概念略有差异。在荣格看来，心理可以分为自我、集体无意识和个人无意识。荣格认为，自我是无意识心理的反映。集体无意识包含人类作为一个族类所拥有的经验与信息（荣格认为集体无意识是心理继承的一种形式）；个人无意识包括各种记忆，既包括可以想起来的记忆，也包括受到压抑的记忆。

荣格认为，反映共同模式的原型或者说原始意象，存在于集体无意识之中，它有助于个人归纳对特定事件的感受。它不是通过学习而获得的，而是通过遗传获得，是一种普遍的存在，存在于个人内。原型之间可以组合与重叠。尽管原型的数量没有限制，但是，荣格认为有 4 种具有初始意义的原型。

1. **自我：**这个原型表示意识与无意识的组合，它象征着统一与整体。通过个性化的过程可以获得自我，在这个过程里，个人性格的每个组成部分都会得到同等的表达，个人具有更平衡的心理状态。自我在梦境中通常表现为一个圆圈、一个坛场或者一个广场。

2. **阴影：**这个原型包含与生命和性相关的本能，由弱点、欲望、缺陷和被压抑的思想构成。影子原型是无意识心理的组成部分，表示未知、混乱和狂野。影子原型在梦境里通常表现为一条蛇、一条龙、一个恶魔，或者任何黑色、奇异和狂野的形状。

3. **阿尼玛或阿尼姆斯：**阿尼玛是指男性心目中的女性意象，阿尼姆斯是指女性心目中的男性意象。当阿尼玛和阿尼姆斯结合在一起，便构成所谓的“融合体”。融合体创造出整体，有关融合体最明显的例子，就是两个人决定结成心灵之伴，因为这样构成了阿尼玛和阿尼姆斯的组合。融合体也可以理解为一对神圣夫妇，表示整体、团聚和完整的感觉。由于这个原因，生命或意图代表了个人的“真正自我”，也是与集体无意识相互沟通的主要根源。

4. **人格面具：**这是个人向世界展示自己的方式。人格面具使自我免受消极意象的影响，它以多种形式出现在梦境之中。人格面具是个人面对不同环境和不同群体时所佩戴的众多面具的集中表述。

荣格确认的另外几种原型包括：父亲原型（代表权威和力量）、母亲原型（代表舒适和关爱）、儿童原型（代表追求纯真与求助）、智慧老人原型（代表智慧、教诲和知识）。

卡尔·荣格与匿名戒酒会的关系

20 世纪 30 年代初期，一个名叫罗兰·H.（Rowland H.）的人拜访荣格，希望荣格帮助他戒除严重的酒精依赖症。经过几次面谈之后，仍然不见效果，荣格认为罗兰已经不可救药，就明确地告诉他，减轻症状的唯一途径就是拥有一段宗教经历。荣格向他推荐了一个名叫“牛津团体（Oxford Group）”的基督教福音派团体。罗兰采纳了荣格的建议，与一位名叫艾比·T.（Ebby T.）的酗酒者一起加入了该团体。艾比·T. 在“牛津团体”里成功戒酒，随后又邀请一位名叫比尔·W.（Bill W.）的老年酗酒者参加这个团体。最终，比尔·W. 也唤醒了自己的灵魂，后来成为匿名戒酒会的创建人之一。1961 年，比尔·W. 给卡尔·荣格发去一封信，对他当年的建议表示感谢。

卡尔·荣格被认为是分析心理学的创始人。分析心理学通过理解无意识和个人实现完整自我的愿望，进而展开对心理的分析。荣格有关外向型性格、内向型性格、梦境和符号的思想，极大地影响了心理疗法的发展和人类对个性心理学的认识。

亨利·默里（1893—1988）

人格特质

亨利·默里（Henry Murray）1893 年 5 月 13 日出生于纽约的一个富裕家庭。1915 年，默里从哈佛大学毕业，获得历史学学士学位。之后，他进入哥伦比亚大学内科及外科医学院，获得生物学硕士学位。在哥伦比亚大学求学期间，他开始对心理学产生兴趣。

默里十分关注荣格的研究工作。1925 年，默里在苏黎世见到了荣格。默里后来回忆，当时他们长谈了数个小时，还一起湖上泛舟，一起抽烟作乐。这次会面让默里体验到自己的无意识状态。与荣格交谈之后，默里终于作出了决定，正式把心理学作为自己的研究方向。

不久，默里受到莫顿·普林斯（Morton Prince）的邀请，在哈佛大学心理诊所（Harvard Psychological Clinic）担任讲师。普林斯是这家诊所的创建人。1937 年，默里担任了该诊所的主任。默里具有广泛的医学知识背景，又接受过严格的心理分析训练，因而他的研究工作呈现出独特的维度，而他的研究工作主要围绕个性与无意识状态展开。

1938 年，默里离开了哈佛大学，投身于第二次世界大战，他还接到过命令，奉命创建希特勒的心理档案。也是在这一年，默里设计了现在仍然很有名的“主题统觉测验（Thematic Apperception Test，简称 TAT）”，用于测量无意识动机与个性主题。在第二次世界大战期间，默里创建并领导了战略情报局，该机构的任务是对美国间谍人员进行心理状态测试。

默里在 1947 年重新回到哈佛大学，1949 年参与创建了哈佛大学附属心理医院。1962 年，默里成为哈佛大学的名誉教授。1988 年 6 月 23 日，亨利·默里死于肺炎，享年 95 岁。

默里的心理需求理论

1938 年，默里提出了心理需求理论。这个理论将个性表述为基本需求的产物，它们主要存在于无意识状态之中。有两种最基本的需求。

◎ **基本需求：**生物性需求，比如对食物、水和氧气的需求

◎ **次级需求：**心理性需求，包括对成就、教育、独立的需求

默里和他的同事进一步细分出 27 种需求。在他看来，所有人都有以下需求（*每个人每种需求的程度会有差别*）。这些需求如下。

◎ **屈尊：**接受处罚和接受投降的需求

◎ **成就：**获得成功与克服困难的需求

◎ **获取或者保留：**获得某物的需求

◎ **结盟：**形成友谊和拥有良好人际关系的需求

◎ **侵犯：**伤害别人的需求

◎ **自治：**保持强势、抵御他人的需求

◎ **避免责难：**遵守规则、免遭谴责的需求

◎ **建设：**创造和构建的需求

◎ **逆向：**保持独特性的需求

◎ **抵制：**捍卫自身荣誉的需求

◎ **辩护：**证明行为合理性的需求

◎ **顺从：**追随更优秀的人并为他们工作的需求

◎ **支配或者权力：**带领别人并且控制他们的需求

◎ **展示：**吸引注意力的需求

◎ **陈述：**教育别人及提供信息的需求

◎ **避免伤害：**避免痛苦的需求

◎ **规避不足：**隐藏弱点、避免羞辱或失败的需求

◎ **抚养：**保护无助者的需求

◎ **秩序：**组织、安排、保持独特性的需求

◎ **玩乐：**取乐、放松、减轻紧张情绪或压力的需求

◎ **承认：**获得社会地位、展示成就以获得别人首肯的需求

◎ **拒绝：**拒绝别人的需求

◎ **感觉：**享受感官体验的需求

◎ **性爱或者色情：**创造和享受色情关系的需求

◎ **移情：**同情别人的需求

◎ **求助：**获得同情或者获得保护的需求

◎ **理解或者认知：**提问、寻求知识、分析和体验的需求

默里认为，每个人的需求都是重要的，但是，这种需求又是相互交错的。需求既可能相互支持，也可能发生冲突。按照默里的理论，从某种程度上可以说，我们的行为就显示着上述的不同需求，而显示的方式，部分取决于各种环境因素，默里把这些环境因素称之为“压力”。

主题统觉测验

默里的主题统觉测验，是向病人展示一些图案模糊却颇具深意的画面，再请他们根据看到的图案讲述一个故事。通过这样的方式，试图探索病人的无意识状态，评价他们的思维模式，揭示他们的个性和情绪反应。这个测验的基本框架如下。

1. 让实验对象用一定时间观察以下画面。
2. 基于这个画面，要求实验对象讲述一个相关的故事，故事必须包括以下要素：

   在画面中看到的事件是怎么发生的？

   那一刻究竟发生了什么？

   画面里的人物在想什么？他们有什么感觉？

   这个故事的结局是什么？

实际的测验一共展示了 31 幅画面，涉及男人、女人、儿童、性别不明的人物、非人类角色以及一个漆黑一团的形状。

首先记录这些故事，然后对隐藏在故事背后的态度、需求、反应模式作出分析。有两种常用的正式评分方法，一种是“防御机制手册”（Defense Mechanisms Manual，也被简化为 DMM），它用来评价否认、推测和确认的过程；另一种是“社会认知和客体关系表”（Social Cognition and Object Relations Scale，也被简称为 SCORS），它用来分析社会环境中特定心理的不同侧面。

默里对阿道夫·希特勒的心理分析

1943 年，默里接到盟军的命令，要求他参与对阿道夫·希特勒心理因素的分析工作。默里最终得出的结论是：希特勒的性格特点表现为：心怀怨恨，蔑视他人，抱怨成性，具有暴力倾向，很难接受批评，不会开玩笑，不善于表达感激之情，报复心很重，急切希望获得别人的关注。默里还发现，希特勒缺乏均衡的个性，拥有极度强烈的自信与意志。最后，默里正确地预测到，如果德国战败，希特勒很可能以戏剧性的方式自杀。因此，默里担心希特勒会在战败时以殉道者的形象离世。

亨利·默里对心理需求的研究，以及对个人性格的研究，具有极其重要的意义。他不仅关注无意识的状态，而且也关注生物学的因素。他的主题统觉测验至今仍被广泛应用。

左脑与右脑

从你的角度去思考

大脑左侧与右侧各有独特的功能，负责不同类型的思维。最有意思的是，大脑的左右两侧实际上都可以各自运行。心理学把这种现象称作大脑的偏侧性功能。

20 世纪 60 年代初期，心理学家罗杰·斯佩里（Roger Sperry）开始对一些癫痫病人进行实验。斯佩里发现，如果切断负责大脑两侧连接与交流的结构，这种结构被称作脑胼胝体，疾病的突然发作现象即可减少，甚至会消除。

切除脑胼胝体之后，这些病人（之前他们看上去很正常）开始出现一些奇怪的症状。很多病人发现，经过大脑左侧处理过的那些物体，他们都可以叫出其名称，而经过大脑右侧处理过的那些物体，他们却叫不出它们的名称。斯佩里由此得出结论，大脑的左侧是负责语言控制的。另外一些病人的脑胼胝体被切除后，他们很难按照预定的方式，把积木拼接起来。

斯佩里成功地证明了大脑的左侧和右侧各有不同的功能，它们都有学习的功能。1981 年，基于在大脑偏侧性功能研究方向取得的重大突破，罗杰·斯佩里荣获诺贝尔奖。

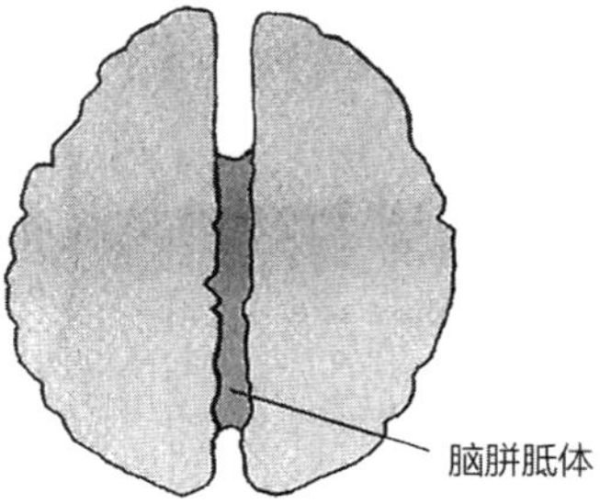

左脑与右脑

右脑主导型

右脑负责人体左侧的行为，更擅长表达性和创造性的任务，也就是所谓的视觉建构性工作。这类任务包括情绪表达与情绪阅读、理解隐喻、区分形状（比如发现隐藏的物体）、文案设计、音乐制作等。

左脑主导型

左脑负责人体右侧的行为，它擅长的任务包括：语言、批判性思维、逻辑、推理以及数字应用。

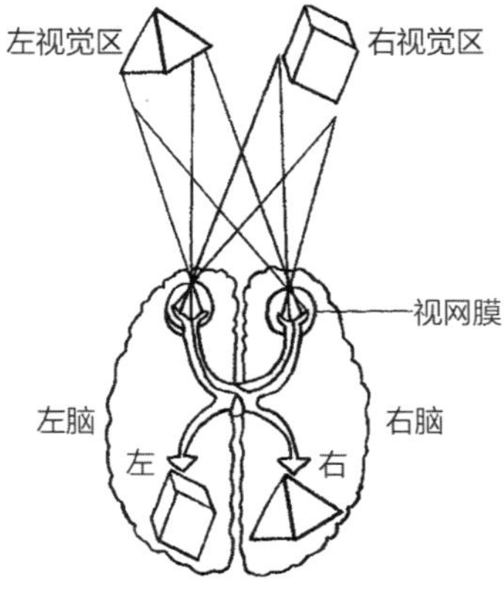

左脑与右脑的详细图示

脑裂实验

在罗杰·斯佩里的脑裂实验里，斯佩里邀请一位脑裂病人（一位切除了脑胼胝体的人）坐在屏风前面，屏风将病人的双手与眼睛隔开。在屏风的背后，斯佩里放置了一些物体，脑裂病人是看不到它们的。

随后，斯佩里要求病人关注屏风的中心部分，屏风上的一个单词进入了病人的左视野区。这个信息随后被大脑的右侧接受（大脑里不擅长语言信息处理的那部分）。最终的结果是，病人竟然无法告诉斯佩里他看到的是什么单词。

斯佩里再要求病人将左手伸到屏风的后面，选择一个与上述单词相对应的物体。即便病人没有意识到自己曾经看过那个单词，他依然能够找到与单词相对应的那个物体。这就说明，大脑右侧控制着人体左侧的运动。

通过这次实验，罗杰·斯佩里成功地证明：大脑左侧是负责控制阅读与说话的，而大脑右侧不具备语言处理的功能。

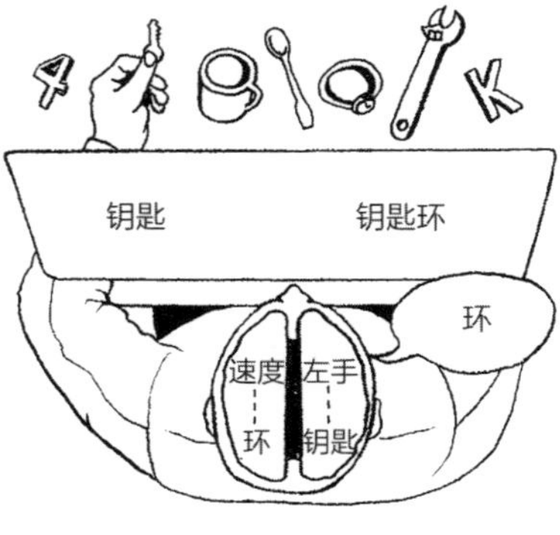

脑裂实验示意图

所以，知道我是哪种大脑主导类型了……那又怎样？

在考虑如何更有效地从事学习或者研究的时候，确认自己属于哪种大脑主导类型具有很强的实用性。比如，如果你属于右脑主导类型，在理解语言指令时，就会遇到很多困难；不过，在改进组织能力或者提高记录指令的速度方面，你将会因此而受益。

爱

倾听自己的内心

爱可能是人类最复杂的感情，也可能是人类最核心的感情。有很多论述爱情的理论，而心理学家认为，爱是人类的核心感情，尽管如此，他们仍然无法确定，为什么会产生爱，爱是如何产生的。就目前而言，在解释爱、感情依恋以及类似的感情方面，有四种基本的理论。

鲁宾的“喜欢与爱的量化表”

基克·鲁宾（Zick Rubin）是首次用实证方式测量爱的一位心理学家。鲁宾认为，浪漫之爱由 3 个因素构成：依恋、关注及亲密。

◎ **依恋：**希望与另一个人在一起，得到他或她的关注。依恋的重要组成部分包括赞许和身体接触。

◎ **关爱：**就像关注自己的幸福和需求那样，去关注另一个人的幸福和需求。

◎ **亲密：**倾诉你的私密愿望、私密感受和私人信仰。

鲁宾设计了两种调查表，用来测试以上要素。按照鲁宾的说法，喜欢一个人和爱上一个人，两者的区别就在于我们如何评价对方。鲁宾设计的调查表，就是分别测试喜欢一个人和爱上一个人的不同感受，然后对这两种感受作比较。鲁宾把调查表发给一组实验对象，并且告诉他们，要根据自己对好朋友的感受和对重要之人的感受分别做出回答。他发现，在“喜欢量表”上，他们对好朋友的评价得分都很高，而在“爱的量表”上，他们只是对重要之人的评价得分比较高。就这样，鲁宾成功地测量到了爱的感受，证明了喜欢和爱是不同的两种感受。

伊莱恩·哈特菲尔德的热烈之爱与温情之爱

心理学家伊莱恩·哈特菲尔德（Elaine Hatfield）认为，只有两种类型的爱：热烈之爱和温情之爱。

◎ **热烈之爱：**强烈的性冲动、性吸引、富于柔情、感情依恋，渴望与对方在一起。热烈之爱比较短暂，通常只能持续 6—30 个月，不过，它可以演化为温情之爱。

◎ **温情之爱：**留恋、尊重、信赖、柔情，富于责任感。温情之爱的持续时间比热烈之爱更长。

哈特菲尔德还区分了另外两种爱。一种是相互之爱，它引发欣喜如狂与富有成就的感觉；另一种是单向之爱，它引起不顾一切和绝望的感觉。在她看来，热烈之爱与温情之爱的形成，需要得到如下这些关键因素的支撑。

◎ **时机：**陷入或者正处于爱情状态的时间因素。

◎ **相似性：**容易对相似之人产生热烈的爱。

◎ **早期依恋：**长期而深刻的爱情关系，相互强烈依恋的人，容易产生长期而深刻的爱情关系；那些游离于爱情的人，通常没有强烈的依恋之感，也不会有很好的人际沟通。

约翰·李：爱的六种类型

约翰·李（John Lee）认为，爱的不同种类，有些类似于颜色轮盘。颜色轮盘包含 3 种基本颜色，在约翰·李看来，爱也可以细分为 3 种基本类型。

◎ **性欲之爱：**从生理和感情两个方面去爱理想中的对方。

◎ **游戏之爱：**如同游戏或者征服运动（可能会同时爱上几个对象）。

◎ **友谊之爱：**伴随着时间流逝由友谊转化而来的爱。

颜色轮盘的 3 种基本颜色可以组合起来，创造出各种互补的颜色，与此同理，爱的基本类型也可以相互组合，创造出新的类型。以下是 3 种次生类型的爱。

◎ **狂热之爱：**性欲之爱和游戏之爱的组合结果，这种爱是一种执迷之爱。它包括感情的忽起忽落、妒忌心理的产生，以及强烈的占有欲望。

◎ **现实之爱：**这是游戏之爱与温馨之爱的组合结果，这是一种讲究实际的爱。情人们陷入恋情，是为了达到他们最终的目标。对爱之关系的期待通常是实际的、基于现实的。

◎ **利他之爱：**狂热之爱与温馨之爱的组合结果，这种爱包罗一切，具有忘我的特征。

罗伯特·斯坦伯格（Robert Sternberg）：爱的三角理论

在 2004 年提出的这个理论里，罗伯特·斯坦伯格认为，爱可以分为 3 个部分：亲密、激情和承诺。

◎ **亲密：**亲近、相互支持、共同分享、感到对方的爱。

◎ **激情：**感受性冲动和性吸引力，身心愉悦。是驱使两人共浴爱河的动力。

◎ **承诺：**愿意忠实于对方，愿意与之保持长久的爱。

以这 3 个部分为基础，又可以演化出七种不同的组合结果。要理解这些组合方式，最简便的办法就是把它视为一个三角形。在这个三角形里，亲密、激情和承诺处于顶端，与爱的 3 个部分相互组合，就形成了以下的 7 个组合结果。

斯坦伯格爱之理论的示意表

	亲密	激情	承诺
非爱			

续表

	亲密	激情	承诺
友谊或喜欢	×		
迷恋或狂热		×	
空洞之爱			×
浪漫之爱	×	×	
伴侣之爱	×		×
愚笨之爱		×	×
圆熟之爱	×	×	×

◎ **友谊或喜欢：** 这种友谊具有亲近和强烈聚合的特征，但是缺少激情和责任。

◎ **迷恋或狂热：** 人们体验“一见钟情”的感受时，就会出现这种感情。因为缺少责任和亲密之情，所以，迷恋或狂热的兴趣可能很快消失。

◎ **空洞之爱：** 这种爱失去了亲密与激情，不过，彼此仍然有强烈的责任感。

◎ **浪漫之爱：** 浪漫之爱具有亲密和激情的特征，意味着有性冲动现象和感情的契合，但缺少责任感。

◎ **伴侣之爱：** 这种爱没有激情，或者说，激情不复存在，但是，双方依然有强烈的责任感和很深的依恋。这种类型的爱通常发生在家庭成员、亲密朋友乃至婚姻双方之间。

◎ **愚笨之爱：** 这种爱具有激情和责任感的特征，但是，它缺少亲密感。这种爱的实例如短暂的婚姻或者强迫的婚姻。

◎ **圆熟之爱：** 这是爱的完美形式，同时具有亲密、激情和责任感的特征。斯坦伯格认为，即便达到圆熟之爱的程度，维持起来会更加困难，甚至无法持久。比如，随着时间的流逝，激情开始消失，圆熟之爱就转变为伴侣之爱。

在斯坦伯格看来，在爱的整个历程里，亲密、激情和承诺的平衡关系是不断变化的。理解爱的 3 个部分，理解爱的 7 种类型，有助于夫妇确认，婚姻关系中哪些部分需要改进，应当避免什么问题，何时应该结束婚姻关系。

卡伦·霍妮（1885—1952）

女性、神经症，以及与弗洛伊德的决裂

卡伦·霍妮（Karen Horney，婚前姓名为 Karen Danielsen）1885 年 9 月 16 日出生于德国的布兰肯内茨（Blankenese）渔村。她的父亲是一位船长，也是一个古板而笃信宗教的男子，经常漠视霍妮的存在，似乎更喜欢她的哥哥贝恩特。

9 岁的时候，霍妮开始迷恋哥哥贝恩特。这份感情遭到拒绝后，霍妮患上了忧郁症，从此，她终生都在与这种疾病搏斗。霍妮认为自己是一个毫无魅力的女孩，并且认为自己要想在生活中获得成功，最佳的途径就是在学校表现得出类拔萃。

1906 年，霍妮 21 岁，被弗莱堡大学医学院（University of Freiburg Medical School）录取。三年后，霍妮与一位名叫奥斯卡·霍尼（Oscar Horney）的法律系学生结婚。1910 年至 1916 年，他们生育了三个孩子。霍妮随后先转入哥廷根大学（University of Gottingen），后转入柏林大学，并于 1913 年毕业。就在同一年里，霍妮的父母双双去世，她自己也有了第一个孩子。为了排遣由此产生的抑郁情绪，她经常拜见卡尔·亚伯拉罕（Karl Abraham），后者是一位心理学家，也是弗洛伊德的学生。亚伯拉罕后来成为霍妮在柏林精神分析研究所（Berlin Psychoanalytic Society）求学时的导师。

1920年，霍妮在柏林精神分析研究所担任讲师。1923年，她的哥哥去世。哥哥的去世对霍妮是一个沉重的打击，她再次陷入了忧郁症。1926年，霍妮与丈夫分居。1930年，她带着三个女儿迁移美国，最终在纽约布鲁克林的一个犹太德国人社区定居。正是在这段时期，霍妮与一些著名的心理学家结为朋友，他们中有埃里希・弗罗姆（Erich Fromm）和哈里・斯塔克・沙利文（Harry Stack Sullivan）。

不久，霍妮担任了芝加哥心理分析研究所（Chicago Institute for Psychoanalysis）的副所长，开始了最具影响力的研究工作：有关神经症与个性理论的研究。两年之后，霍妮回到纽约，同时在纽约心理分析研究所（New York Psychoanalytic Institute）和社会研究新学院（New School for Social Research）工作。在德国生活期间，霍妮就与西格蒙德・弗洛伊德的理论产生了分歧；不过，在移居美国之后，她与弗洛伊德理论的分歧越来越大。到了1941年，她不得不从纽约心理研究所辞职。在同一年里，霍妮创建了美国心理分析研究所（American Institute for Psychoanalysis）。她在1937年出版了《我们时代的神经质人格》（*The Neurotic Personality of Our Time*）一书，1942年出版了《自我分析》（*Self-Analysis*）一书。

卡伦・霍妮的突出贡献在于，她提出了有关神经症的理论，否定了西格蒙德・弗洛伊德对女性的看法，激发了学术界对女性心理学的研究兴趣。霍妮还坚定地认为，个人可以成为自己的心理治疗师，强调自助和自我分析的重要作用。卡伦·霍妮在 1952 年 12 月 4 日死于癌症，享年 67 岁。

女性心理学

卡伦·霍妮没有师从过西格蒙德·弗洛伊德，不过，她非常了解弗洛伊德的研究成果，甚至还在柏林心理分析研究所和纽约心理分析研究所教授过心理分析的课程。她对弗洛伊德的研究成果一直持保留意见，最终导致了与弗洛伊德学派的决裂。

人们可能还记得西格蒙德·弗洛伊德的性心理发展阶段论。这个理论认为，儿童在生殖器阶段，也就是 3—6 岁的阶段，年幼女孩与父亲的关系是阴茎嫉妒的产物。

霍妮不赞成弗洛伊德有关阴茎嫉妒的理论，认为这种概念既有损于人格，也不符合实际。相反，在她看来，儿童在这个阶段，会出现“子宫妒忌（womb envy）”的现象，也就是说，男子妒忌女人有生育孩子的能力。因此，男子为了弥补自己在生育能力方面的不足，就会试图在其他方面取得成功。换句话说，由于男子无法生育，他们就试图以其他方式在世界上留下自己的印记。

弗洛伊德认为男女在性格方面存在着根本的差异。在霍妮看来，这个观点也是错误的。弗洛伊德采用的是生物学的方法，而霍妮认为，如果没有强加在女性身上的文化与社会制约因素，男女就将处于平等的状态。当时，霍妮的这个思想没有被社会接受；不过，在她去世后，这一思想在社会各界产生了共鸣，有力地推动了性别平等理念的传播。

卡伦·霍妮的神经症理论

卡伦·霍妮的神经症理论是该领域最著名的理论之一。她认为，人际关系生成基本的焦虑情绪，神经症是作为应对人际关系的一种方式而发展起来的。霍妮确认，神经症需求可以分为三种类型。如果调整得当，就可以满足这三种需求。如果过分强调一种或者几种需求，就会出现神经症需求。这三种神经症需求如下：

向别人靠拢的需求

有的病态需求会过分寻求别人的承认、帮助或者肯定，只有满足了这些需求，才感觉自己是有价值的。有这种需求的人渴望得到别人的赞赏，最终可能成为依赖于别人的人，或者需要别人帮助才能生活的人。

抵制别人的需求

为了获得良好的自我感觉，有些人试图对别人施压，或者试图控制身边的人，以缓解自身的焦虑情绪。具有这类需求的人，通常具有刻薄、自私、专横、控制欲很强的心理特征。霍妮认为，在她所说的外化的过程中，这些人会把敌意投射到别人身上，然后，他们就以此为理由，为他们经常性的暴力行为辩解。

与别人隔绝的需求

反社会行为也源于神经症需求，有的人对别人的状况麻木不仁。隐藏在这种态度背后的想法是，如果自己不介入别人的事务，别人就不会伤害自己。这种需求可能会导致心灵空虚和孤独状态。

在这 3 种类型的神经症需求之下，霍妮又细分出 10 种神经症需求。

1. 得到别人喜爱与准许的需求：希望达到别人对自己的期望，让别人因此而快乐，也让自己得到别人的喜爱。具有这种需求的人，担心别人的敌意和愤怒，对任何拒绝和批评都很敏感。

2. 希望同伴控制自己生活的需求：有这种需求的人，强烈地害怕被别人遗弃，并且认为，如果自己的生活里能有一位同伴，就能够排除所有的麻烦、解决所有的问题。

3. 拥有权力的需求：具有这种需求的人，希望能够控制并主导别人的生活，他们痛恨软弱，不顾一切地追逐权力。

4. 剥削别人的需求：具有这种需求的人，操控能力很强，并且认为别人就是供自己剥削的。与别人建立关系，就是要获得想要的东西，比如控制权、性关系和金钱等。

5. 获得声望的需求：有些人希望得到赞誉和公众的承认。社会地位、物质财富、专业成就、个人性格甚至得到某个人，都是为了获取和巩固自己的声望。他们害怕当众出丑。

6. 获得成就的需求：激励自己去取得成就，这是很好的事情。不过，有病态需求的人，会不顾一切地获取个人成就。他们感到不安全，所以会不停地驱使自己。他们害怕失败，渴望取得比别人更大的成就。

7. 获得赞誉的需求：有些人具有自恋心理，希望别人看到自己理想的一面，不愿意别人看到真实的自己。

8. 追求完美的需求：具有这种需求的人，通常害怕自己的瑕疵，会不停地搜索自己的瑕疵，以便迅速掩盖或者作出改变。

9. 追求独立的需求：为了不依赖别人，或者为了不受别人约束，具有独立需求的个人，会和别人保持一定的距离。这种需求会增加“孤独心理”的程度。

10. 限制自己的生活、让自己生活有所限定的需求：具有这种需求的个人，不容易被别人注意，本人也不张扬。这些人通常低估了自己的技能和才华，没有过多的要求，也不渴望物质财富，满足于简朴的生活，认为自己的需求应当服从别人的需求。

在这 10 种神经症需求中，1 和 2 属于“向别人靠拢的需求”；3—7 属于“抵制别人的需求”；8—10 属于“与别人隔绝的需求”。

卡伦·霍妮的理论对心理学发展产生了非同寻常的影响。她的神经症理论适用于应对人际关系的困扰；她对神经症类型的确认，具有重大的突破意义。与西格蒙德·弗洛伊德的男性主导理论决裂之后，她的理论成为妇女研究和女性心理学领域的一股主要力量。

约翰·鲍尔贝（1907—1990）

母爱理论之父

约翰·鲍尔贝（John Bowlby）1907年2月26日出生于英国伦敦一个中上层家庭。鲍尔贝的父亲安东尼·阿尔弗雷德·鲍尔贝（Anthony Alfred Bowlby）有准男爵的爵位，是国王的侍从医务人员。鲍尔贝每天与母亲只有一小时的交流时间，当时这个社会阶层的母子关系也大多如此淡漠。那时的人们普遍认为，对孩子流露出柔情与关爱之情，就容易惯坏孩子。作为家里6个孩子中的一个，鲍尔贝与奶妈的关系倒很亲近。4岁的时候，奶妈离开了他们的家，鲍尔贝感到极度悲伤，他深深地感到，失去奶妈就像失去妈妈那样痛苦。

鲍尔贝7岁的时候，家里就把他送到寄宿学校读书。鲍尔贝后来回忆，这件事情对他的心理发展造成了巨大的伤害。不过，这段经历对鲍尔贝也产生了重大而持久的影响。他后来创建的心理学理论，就是专门研究儿童与照料者分离之后，儿童的心理会发生什么变化。

鲍尔贝后来进入剑桥大学三一学院（Trinity College），从事心理学专业的学习；毕业之后，开始研究过失行为及行为失调的儿童的心理问题。21 岁时，鲍尔贝进入伦敦大学学院医院（University College Hospital in London），从事医学研究工作。还是医学院学生的时候，鲍尔贝就参加了心理分析研究所（Institute for Psychoanalysis）的工作。1937 年，鲍尔贝在莫斯利医院（Maudsley Hospital）担任心理分析师的工作。

第二次世界大战爆发之际，鲍尔贝成为英国皇家军医部队（Royal Army Medical Corps）的一员。1938 年，鲍尔贝与厄休•朗斯塔夫（Ursula Longstaff）结婚，他们生育了四个孩子。第二次世界大战结束后，鲍尔贝担任伦敦塔维斯托克诊所（Tavistock Clinic in London）的副主任。20 世纪 50 年代，鲍尔贝在世界卫生组织（World Health Organization）短期担任过心理健康咨询人员，就是在此期间，他创建了最具影响力的研究工作，其中包括有关心理依附的理论。

约翰•鲍尔贝对儿童心理发展做了详尽的研究，并因而成名。值得一提的是，鲍尔贝从自己的亲身经历出发，集中研究了儿童与照料者的分离对儿童造成的影响，以及这种分离对青少年成长具有何种意义。约翰•鲍尔贝于 1990 年 9 月 2 日去世，享年 83 岁。

鲍尔贝的心理依恋理论

如今，约翰•鲍尔贝被公认为第一个提出心理依恋理论（Attachment Theorist）的心理学家。在这位心理学家看来，儿童的早期依恋情绪会影响人们的一生。鲍尔贝认为，依恋心理是存在于两人之间的心理联系。在鲍尔贝看来，由于生存需要，儿童天生就有依恋的心理。此外，最初形成的心理联系是儿童与照料者之间的心理联系，它对儿童的生活会产生持久的影响。依恋心理可以帮助儿童改善生存的机会，这种心理驱动力可以让儿童与母亲保持亲密的关系。

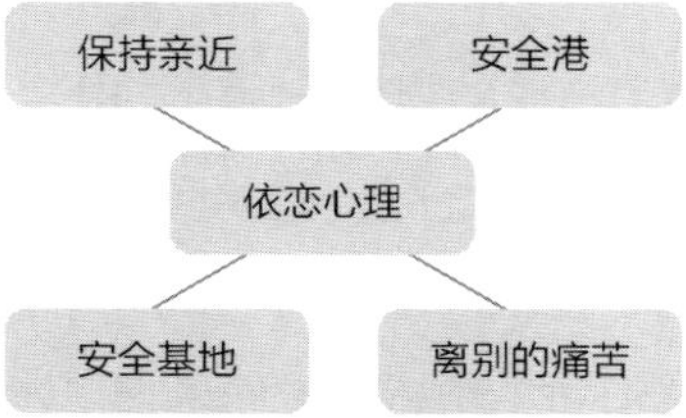

心理联系示意图

鲍尔贝提出的心理依恋理论认为，只有母亲在身边，随时可以做出积极的回应，儿童才有安全感，才敢探索身边的世界。

在鲍尔贝看来，依恋心理有 4 个重要的特点。

1. **安全港：**如果儿童感到害怕、受到威胁或者处于危险状态，照料者能够安抚、支持和抚慰他们。

2. **安全基地：**照料者给儿童提供一个安全的平台，据此儿童可以学习、探索周围的世界，按照自己的意愿安排事情。

3. **保持亲近：**即便敢于探索周围世界，儿童依然希望与照料者保持亲近关系，以确保自己的安全。

4. **分离之痛：**与照料者分离的时候，儿童会感到烦躁、不快和沮丧。

婴儿只会形成一种主要的依附心理，通常都与母亲有关，通常在儿童出生后的一年内形成（也就是“单变现象”）。如果这种心理联系没有形成，或者形成之后又遭破裂，会给儿童未来的生活造成严重的后果，甚至引发以冷漠无情为特征的精神疾病。如果儿童 3 岁时还没有形 成依恋心理，他们就永远不会有这种心理了。

◎ 为了让儿童在社交、智力和感情等方面得到健康的发展，照料者必须持久地维系这种依恋心理。

◎ 如果依恋心理形成后又中断，会对儿童的社交、智力和感情发展产生严重的负面影响。

◎ 儿童与照料者相处的关键时期，是儿童出生后的 6—24 个月。

博士定义

母爱剥夺：鲍尔贝创造的一个术语，描述与母亲分离而导致儿童在心理发展过程中受到的伤害。母爱剥夺的长期影响包括：智力下降、心情沮丧、强烈的攻击性、轻微的犯罪行为、以冷漠无情为特征的精神疾病（比如缺乏同情心、无力建立情感联系、无法控制冲动行为、长期处于愤怒状态等）。

鲍尔贝对 44 个小偷的研究

在儿童出生后的最初 5 年里，母子关系或者母女关系对子女的社会化过程具有什么作用？为了测试这个问题，鲍尔贝邀请了 44 位有轻微犯罪行为的青少年参加一个实验。鲍尔贝认为，青少年犯罪、反社会行为以及感情障碍，都与这种重要的依恋心理的缺失有着直接关联。简单地说，鲍尔贝希望通过实验，了解母爱缺失是否会引发青少年的犯罪行为。他分别与 44 位有轻微犯罪行为的青少年进行过交谈，他们都是因为偷窃而被关进儿童教养所的。鲍尔贝还把儿童教养所里另外 44 位青少年组成一组，作为实验控制组。需要注意的是，这 44 位青少年注定会在感情上受到折磨，虽然他们根本没偷过东西。鲍尔贝随后分别与有轻微犯罪行为的青少年的家长和控制组青少年的家长进行交谈，了解这些孩子是否在出生后的最初 5 年里就与父母分离，分离的时间有多长。

鲍尔贝发现，在有轻微犯罪行为的青少年里，一半以上的人在出生后的最初 5 年里，与母亲分离的时间长达 6 个月以上。而在控制组里，只有两个人有过与母亲分离的经历。鲍尔贝发现，一方面，控制组里没人表现出冷漠无情的心理特征；另一方面，32% 有轻微犯罪行为的青少年确实表现出了冷漠无情的心理特征。根据这个实验结果，鲍尔贝得出的结论是，青少年犯罪行为与童年时代的母爱缺失之间，确实存在着直接的关联。

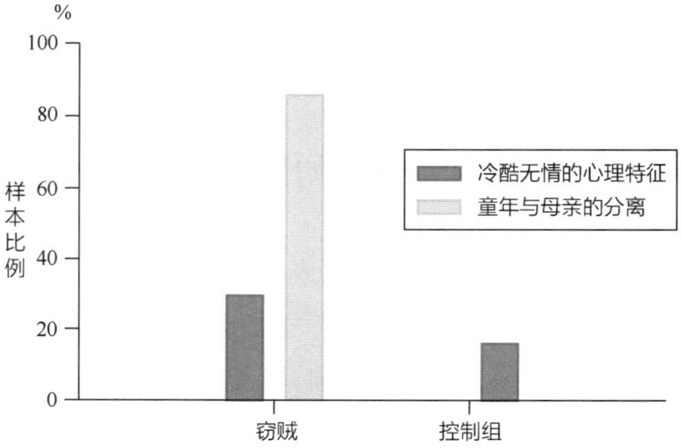

鲍尔贝研究工作中的社会关系

当然，鲍尔贝的这个结论也有可以商榷之处。他的实验完全依赖于交谈与回忆，这种方式当然会导致不精确的研究结果，而且，实验本身也存在着偏见的因素。比如，鲍尔贝设计并实施了该实验，主观上确定了冷漠无情心理特征的判断标准。

约翰·鲍尔贝从自己的生活经历出发，创建了心理学领域里一个全新的研究课题。他的研究成果具有深远的影响，适用于教育、育儿及儿童教育等领域。

归因理论

赋予我们所做之事以意义

一个人采取什么方式，赋予自己及他人的行为以意义，归因理论可以对此作出解释。换句话说，我们应该如何解释我们看到的事件，以及我们要做的事情？简而言之，归因理论认为，人们是通过为行为赋予意义的方式，来解释自己及他人行为的。

博士定义

归因： 对特定行为的产生原因的推断。

弗里茨·海德

奥地利心理学家弗里茨·海德（Fritz Heider）在 1958 年第一次提出与归因相关的理论。海德把这个理论称作“通俗心理学（Naïve Psychology）”或者“常识（Common Sense）”。在他看来，为了理解身边的世界，就应当寻找现象之间的因果关系。

他的归因理论包含两个基本观点，具体如下。

1. **人们会寻求自己的内心属性。**比如性格特征、心理状态和态度，并以此为基础来解释别人的行为。比如，有人会认为别人有妒忌的心理。

2. **人们会寻找外部属性。**比如某种环境或者状态，以此为自己的行为作出解释。

爱德华·琼斯与凯斯·戴维斯

1965 年，心理学家爱德华·琼斯（Edward Jones）与凯斯·戴维斯（Keith Davis）创建了对应的归因理论。这个理论有助于解释创造内在归因的过程。

琼斯与戴维斯认为，人们特别关注有意识的行为，琼斯与戴维斯把它称作“性格归因（Dispositional Attribution）”，这些内部因素提供了足够的信息，据此可以预测个人未来的行为。比如，如果看到有人与人为善，就可以推测出他是一个和善的人。这个推理过程把个人行为与个人性格联系了起来，这就是对应归因理论的基本含义。琼斯与戴维斯确认了可以作为对应推理的 5 种来源。

1. **选择：**自主选择的行为是内心因素的外化结果。

2. **社会期许：**面对为社会所不容的行为，人们更多地会在内心作出推断，很少会做出社会所不期许的行为。

3. **有意行为与意外行为：**如果一个行为是有意的，这就意味着它可能是某人性格属性的外在体现；如果一种行为是意外行为，这就意味着它可能是外在因素或者环境因素所导致。

4. 非共同效应：如果他人行为对你造成了重要的后果，这就是非共同效应。

5. 性格关联：如果他人行为似乎有意要直接伤害你，或者有意要帮助你，可以认定的是，这个行为不是你与他人所在的环境或所面对事件而导致的，它是“个人性格”所导致的。

哈罗德·凯利

哈罗德·凯利（Harold Kelley）在 1967 年提出了相关变异模式（Covariation Model），这是最著名的归因理论。凯利创建了一个逻辑模式，可以区分某种行为究竟由外在因素所导致，还是由内心因素所导致。

博士定义

相关变异模式：在不同环境及不同时间里的多次观察结果，都显示出同样的因果关系。

凯利认为，有 3 种不同的因果关系影响着人们的判断；人们分析特定行为的原因时，需要考虑这 3 种因果关系。如果某个行为是低系数的（即该行为不符合社会规范，或者不被他人认可），这意味着该行为是内心因素所导致的。

1. 统一性：在某种相似的环境下，某人发生特定行为的频率。比如，如果某人只是和朋友外出的时候才会抽烟，这就是行为的高度统一性；如果只是在特殊场合下偶尔抽烟，这就是行为的低度统一性。

2. 一致性：在某种相似的环境下，他人发生特定行为的频率。比如，和朋友一起饮酒的时候，只有在朋友抽烟的情况下，他人才会抽烟，这就是行为的高度一致性；如果即便有人首先抽烟，他人也不会抽烟，这就表示行为只有低度的一致性。

3. 独特性：人们在相似的环境里发生相同行为的频率。比如，只是和朋友在一起时才抽烟，这个行为的独特性程度就很高；如果某人在任何时间任何地点都会抽烟，这个行为的独特性程度就很低。

伯纳特·威纳

伯纳特·威纳（Bernard Weiner）的归因理论关注与成就相关的问题。威纳认为，影响归因关系的重要因素是努力、才能、运气以及任务难度。他将归因关系归纳为 3 种。

1. 稳定性与不稳定性：随着时间的流逝，发生行为的原因会有变化吗？

2. 控制源：是内在控制还是外在控制。内在控制是个人按照自己的意志作出决定，外在控制是行为受到环境和外在因素的影响。

3. 可控性：个人具备了控制能力（比如本人的整体技能），或者个人缺乏控制能力（比如只依赖运气和借助别人之力）。

在威纳看来，如果自己获得了成功，他们会把成功归功于自己的内在因素，归功于自己的整体技能；但是，如果别人获得了成功，人们往往会把成功归诸外在因素，比如，或者由于运气好，或者由于环境合适。如果自己失败了，或者没有获得成功，他们常常会用外在因素作为借口，而不是问责自己，他们会把失败原因归之于环境或者外在因素。这就是所谓的“利己偏见”。如果别人失败或者没有获得成功，人们通常会用内在因素予以解释，认为别人内在因素有所欠缺才导致了失败。

归因理论的偏见与谬误

和“利己偏见”一样，人们在寻找某种行为的原因时，也容易产生几种归因偏见与谬误。以下就是几个相关的实例。

基础性归因谬误

在解释他人行为的时候，这种谬误会低估外在的因素，同时会高估内在的因素。如果我们不熟悉某个人，就容易出现这种谬误；或者这种谬误的出现，是因为我们对环境因素的关注超过了对个人的关注。比如，如果一个学生没有交作业，老师会认为学生过于懒惰，而没有考虑到学生的实际困难。

文化偏见

北美人和西欧人更钟情于个人主义的文化氛围，个人价值与个人目标高于一切；拉丁美洲人、亚洲人和非洲人则更钟情于集体主义的文化氛围，家庭和社会规范高于一切。来自个人主义文化氛围的人，如果与来自集体主义文化氛围的人相比，通常更容易产生基础性归因谬误和利己偏见；来自集体主义文化氛围的人，如果与来自个人主义文化氛围的人相比，通常更容易产生自我牺牲的偏见，也就是利己偏见的对立面，他们通常把成功归诸外在的因素，把失败归诸内在的因素。

行为者与观察者的差别

即便某人与他人处于相同的环境，归因关系也会因为他人是演员或者观众而改变。比如，有人为某次考试成绩的不理想而辩护，声辩老师从未讲解过考卷上的题目。但是，如果班里的其他同学考试成绩也很差，只有一个人的考试成绩很好，这个人就会说，这是因为全班同学都没认真听讲。

情　绪

为什么我们会这么想

情绪究竟是什么？按照心理学的理论，情绪是与心理和生理变化相关的感觉，这些变化又影响着我们的思考和行为方式。有关情绪的理论可以分为以下 3 个主要类型。

◎ **神经学意义上的情绪：**它的理念是，大脑活动会引起情绪反应。

◎ **生理学意义上的情绪：**它的理念是，身体反应会产生感情。

◎ **认知意义上的情绪：**它的理念是，思维和心理活动是情绪的来源。

心理学家有关情绪的主要理论如下。

詹姆斯—朗格学说

詹姆斯—朗格学说（James-Lange Theory），是由生理学家卡尔·朗格（Carl Lange）和心理学家威廉·詹姆斯（William James）在20世纪20年代独立提出的。在论述情绪的诸多理论中，这是一个最著名的理论。这个理论认为，所有情绪都是生理对特定事件做出反应的结果。

詹姆斯—朗格学说可以分解为以下几个环节：

事件 → 生理唤醒 → 解释 → 情绪

作为生理反应的感情生成示意图

如果有人目睹一个外在刺激因素，于是产生生理反应。从这个生理反应开始，就能感受到情绪的形成，也可以称之为情绪反应，它取决于如何解释这个生理反应。比如，假如你走在一条小路上，突然发现前方有一只美洲狮正虎视眈眈地望着你，你的心脏就开始激烈跳动，身体就开始剧烈颤抖。按照詹姆斯—朗格学说，你会解释这种生理反应，觉得自己是受到了惊吓。

有很多论证严密的理论不同意詹姆斯—朗格学说，事实上，这个学说的大部分内容都被现代科学否定了。不过，心理学家依然认为，詹姆斯—朗格学说仍然具有很强的影响力，甚至有实例可以证明，这个学说在某些方面依然是正确的，比如，它对恐惧症或者恐慌症的症状描述，至今看来还是准确的。如果某人经历了某种生理反应，比如在众人面前发病，就会引起情绪的反应，他会感到焦虑，这就是说，生理反应与情绪反应就会联系起来。他就会尽量避免这种场合，否则就可能激发这样的情绪。

坎农—巴德学说

沃尔特·坎农（Walter Cannon）和菲利普·巴德（Philip Bard）在20世纪30年代提出的坎农—巴德学说，是对詹姆斯—朗格学说的否定。这个理论认为，人们可以同时感受到生理反应和情绪反应。按照这个理论，当丘脑（大脑的一部分，负责运动控制、唤醒睡眠状态以及感受输入信号）向大脑发送信息，以此作为对特定刺激物的反应时，情绪在这个时刻就已经形成。这些发送过来的信息所生成的结果，就是生理反应。

进一步的细分，请见以下示意图：

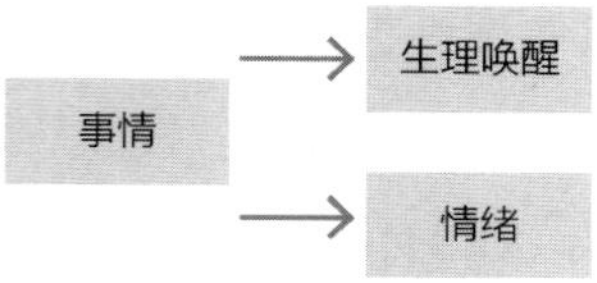

事件引起生理唤醒和情绪

感官首先接收最初感受到的情绪刺激。情绪刺激随后被发送到大脑皮层，以确定由哪个方向做出反应，同时，情绪刺激也刺激了丘脑。换句话说，情绪刺激被接受和解释之后，情绪反应与身体反应就同时产生了。

再回到前面的实例。如果走在一条小道上，遇到一只美洲狮，你会感到身体的颤抖和心脏的剧烈跳动，同时，也会形成恐惧的情绪。

沙赫特—辛格学说

沙赫特—辛格学说由斯坦利－沙赫特（Schachter-Singer）和吉罗米·E. 辛格（Jerome E. Singer）于1962年创立，是认知理论的一个范例。按照沙赫特—辛格学说（该学说也被称为双因素学说），由特定事件激发的生理反应只是反应的第一阶段。生理反应过后，个人必须找到生理反应的形成原因，只有找到了原因，才能感受这种体验的性质，才能把它称作情绪。

比如，在深夜时分，一位女性在空无一人的大街上行走，突然听到身后传来急促的脚步声，她的身体开始颤抖，心跳开始加剧。她注意到自己的生理反应，意识到自己正独自行走在大街上，于是就相信，自己正处于危险的境地，感受到恐惧的情绪。

情绪反应的另一种观点

拉萨鲁斯学说

理查德·拉萨鲁斯（Richard Lazarus）20世纪90年代提出了这个理论。拉萨鲁斯有关情绪问题的理论认为，在情绪或者生理冲动形成之前，必定会先有思想的形成。简而言之，在体验任何情绪之前，你首先要考虑你所处的环境。

再以深夜在空旷大街上行走为例。一位女性走在大街上，听到身后急促的脚步声，她首先会形成一个思想：自己正处于危险的状态，比如，觉得身后可能是一名抢劫犯，于是，她的心跳加剧，身体颤抖，体验到恐惧的情绪。

与坎农—巴德学说相同的是，拉萨鲁斯学说也认为，情绪和生理冲动是同时形成的。

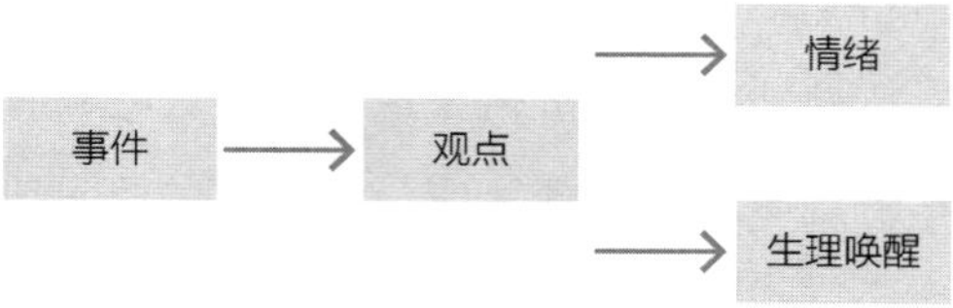

感情与心理冲动同时发生

表情反馈理论

最初的表情反馈理论，最初是由威廉·詹姆斯（William James）提出的，希尔文·汤姆金斯（Silvan Tomkins）在 1962 年又做了进一步的完善。这个理论认为，情绪实际上是感受面部肌肉变化的结果。在这个理论看来，如果情况不是这样，那我们人类就只能进行理性的思考。所以，一个人微笑的时候，意味着他或者她正体验着幸福；一个人皱眉的时候，意味着他或者她正体验着悲伤。面部肌肉的变化，刺激大脑形成情绪的基础，实际的情况就是这样。

让我们再看一下这幕场景：一位女性独自走在深夜的大街上。听到身后传来急促的脚步声之后，她的眼睛会睁大，牙齿会咬紧。大脑开始解释面部肌肉的这些变化，而肌肉变化表明她的情绪开始紧张，然后，大脑迅速地告诉她，她正体验着恐惧的情绪。

事件 → 表情变化 → 情绪

面部表情变化促成情绪的生成

卡尼·兰迪斯的面部表情研究

1924 年，明尼苏达大学（University of Minnesota）的一位名叫卡尼·兰迪斯（Carney Landis）的心理学专业研究生设计了一个实验，意在理解面部表情与情绪之间的关系。兰迪斯希望探讨的问题是，如果引发了某种情绪，人们是否会有相同的面部表情。比如，如果有人感到了恶心，他的面部表情会和所有感到恶心的人的面部表情都相同吗？

为了做这个实验，兰迪斯采用的大多数实验对象，都是他的研究生同学。有一次在实验室里，兰迪斯在一位实验对象的面部画了几条黑色的线条，这样，他就可以清楚地观察面部肌肉的变化情况。每个实验对象都要面对兰迪斯选择的各种刺激物，以激发他们面部表情的强烈变化。每个实验对象的面部表情有了变化时，兰迪斯都拍下照片。兰迪斯采用的刺激方式包括：让实验对象闻氨气（Ammonia）的味道，观看色情画面，把双手放进装满青蛙的桶里。不过，实验的最后部分才是最令人恶心的。

在实验的最后阶段，兰迪斯向实验对象展示了一只活的老鼠，然后告诉他们必须活生生地砍下老鼠的脑袋。所有的实验对象都认为这个做法太恶心了，不过，有 2/3 的人还是照着做了，其余 1/3 的人拒绝了兰迪斯的要求，最后由兰迪斯替他们砍下了老鼠的脑袋。

兰迪斯的面部表情实验并没有证明面部表情和情绪之间存在着直接的关联。不过，它预测到了斯坦利·米尔格拉姆（Stanley Milgram）从众理论（Obedience Studies）的研究成果，后者在40年后才被提出。兰迪斯过于关注对面部表情的研究，却忽略了一个更重要的现象，这就是实验对象所表现的顺从态度，这才是他的实验真正有意思的一个现象。

性　格

什么让你成了……现在的你？

讨论性格问题的时候，心理学家要观察人们的思想、行为和情绪，也就是所谓的“心理体系”。每个人的心理体系都是独一无二的。性格具有个性化的特征，在大多数情况下，性格会伴随人的一生，不会轻易改变。对于性格形成的原因，心理学家仍有不同的解释，不过，他们普遍认为，性格有以下几个重要特征。

◎ 在总体上，人的行为具有一致性，具有较为明显的规律性。在不同环境下，人们会以相同或者类似的方式行事。

◎ 性格影响个人的行为方式，影响他们如何对环境做出反应，性格也是特定行为方式形成的原因。

◎ 性格是一个心理概念，不过，生理发展过程对性格也有重要的作用和影响。

◎ 行为不是展示性格的唯一途径。与他人交往、人际关系、思想、情绪等，同样可以展示性格。

特质理论

很多理论和学派都试图解释性格发展的问题，我们详细讨论过其中的一些理论和学派。比如：人道主义理论（如马斯洛的需求层次论），它强调自由意志和个人体验的作用；心理分析理论（如西格蒙德·弗洛伊德的理论），它强调童年经历和无意识状态的作用；行为主义理论（如经典操作条件理论），它认为个人以及个人与环境的互动是性格发展的根源；特质理论具有特殊的价值，它强调人与人的差异，认为性格是个人独有的特征，是多种特征的组合体，这些特征决定了个人会采取某种特定的方式去实施行为。这些特征就是所谓的特质。因此，特质理论关注如何发现与衡量个人的性格特征。在心理学的整个发展过程里，出现过几种论述性格特质的理论，其中几种最重要的理论如下：

奥尔波特的性格特质理论

哈佛大学心理学家戈顿·奥尔波特（Gordon Allport）是在美国传授性格心理学课程的第一位学者，他在1936年提出了性格特质理论（Trait Theory of Psychology）。奥尔波特翻阅过整本辞典，找出所有描述性格特质的词语，最终形成了一份4500个单词的清单。在这个基础上，奥尔波特把性格特质分为以下3种类型。

1. **首要特质：**控制和确定个人全部性格的那些特质，因此，这些特质通常就是个人性格的代名词，也很少彼此相似。这些特质包括耶稣式特质、自恋式特质以及马基雅维利式特质。

2. **中心特质：**一种常见的特质，包括友情、仁慈、诚实等。

3. **次要特质：**在特定条件或特定环境下生成的特质。比如，在公开讲演前的紧张感觉。

卡特尔的 16 种性格因素

为了梳理戈顿・奥尔波特的理论，雷蒙德・卡特尔（Raymond Catell）研究了奥尔波特的性格特质清单，这份清单列出了 4200 种以上的性格特质。卡特尔合并了相似的性格特质，剔除了一些不常见的性格特质，把性格特质的种类压缩到 171 种。卡特尔根据对性格特质的归纳结果，设计了一些问卷，测试了大量的抽样人群。

卡特尔收回了问卷答案后，辨认了意思相近的词语，运用因子分析的统计方法，进一步减少了性格特质的种类数量。他最后得出的结论是，所有性格特质其实都源自 16 种核心的性格特质，每个人或多或少都具有这 16 种性格特质。卡特尔确认的 16 种性格特质如下。

1. **幻想性：** 富于想象，极具抽象性，其反面是实际和实效
2. **恐惧性：** 担忧并且感觉不安全，其反面是自信和安全
3. **支配性：** 强有力并且信念坚定，其反面是柔顺和服从
4. **感情稳定性：** 平静，其反面是感情不稳定和高度敏感
5. **生动性：** 富有热情、随意，其反面是拘束、严肃
6. **乐于变化：** 具有灵活性和开放性，其反面是传统和循规蹈矩
7. **完美主义：** 自律而有控制力，其反面是缺少自律和过分灵活
8. **隐秘性：** 谨慎而机警，其反面是开放和谦虚
9. **理性思考：** 长于抽象思维，具有更多智力，其反面是具体思维和智力欠缺
10. **规则意识：** 具有规则意识并且遵守规则，其反面是无意识 规则和不遵守规则

11. **敏感型**：保持敏感和善解人意，其反面是迟钝和一意孤行
12. **敢作敢为**：无拘无束、勇于冒险，其反面是害羞和腼腆
13. **紧张**：不耐烦并且沮丧，其反面是松弛和平静
14. **警觉**：多虑而怀疑，其反面是信赖和接受
15. **温暖**：外向而关心别人，其反面是保持距离和有所保留

艾森克的三维度理论

1947 年，心理学家汉斯·艾森克（Hans Eysenck）创建了一种性格模式，完全有别于其他有关性格的理论。20 世纪 70 年代末期，他更新了这个模式。这个性格模式的基本理念是，每个人都具备以下 3 种性格特质。

1. **内倾性与外倾性**：内倾性是指某人集中关注内心体验，性格比较平静，态度比较含蓄。外倾性是指某人关注身边之人与周围环境。外向性程度高的人性格比较开朗，善于社交。

2. **神经质与情绪稳定性**：按照艾森克的理论，神经质的人容易感情波动，经常心神不宁，而情绪稳定的人善于控制自己的情绪。

3. **精神质**：精神质程度高的人具有较强的敌意，通常具有反社会、控制欲强和性情冷漠的性格特征，在现实世界里经常碰壁。

五大性格特质

研究性格问题的心理学家认为，卡特尔归纳的性格特质种类过于庞杂，艾森克归纳的性格特质种类又不够详尽。基于这样的情况，很多心理学家接受了“五大性格特质”的理论。这个理论

认为，性格的基础源于5种基本性格特质的相互作用。这5种性格特质如下。

1. **外向性：** 社交能力的强弱。
2. **随和性：** 友善、柔情、信任、积极的社会行为的强弱。
3. **自律性：** 计划性强、勤于思考、控制情绪冲动的强弱。
4. **神经质：** 情绪稳定的程度。
5. **开放性：** 想象力、创造力的强弱及兴趣范围的大小。

不同的理论用不同的方式去探讨有关性格的问题，但是，它们都有一个共识：性格问题是一个极其重要的课题。一般来说，个人终其一生，其性格都保持着延续性。性格的差异，导致每个人的思维、行为与感觉都有独特和个性化的特征。

领导力理论

成为领袖需要具备什么条件?

20 世纪初期，经历了经济大萧条和第二次世界大战的人们，开始思考这样的问题：成为优秀的领袖，需要具备什么条件？从这个时候开始，关于领导力的理论研究就开始兴起。早期有关领导力的理论侧重于研究领袖的素质以及追随者的心理特征，之后有关领导力的理论研究侧重于对领导技能和环境因素的研究。

对领导力的研究，形成了很多不同的理论体系，其中有八种主要的理论类型，简述如下。

伟人理论

伟人理论的基本思想是，领袖才能是天生的，有人生来就适合当领袖。

伟人理论最初由历史学家托马斯·卡莱尔（Thomas Carlyle）提出。在 19 世纪，伟人理论风靡一时。很多人认为，出现像圣雄甘地、亚伯拉罕·林肯、恺撒大帝这样的伟人，就足以证明伟人理论是成立的，他们似乎都是横空出世的伟人，其成长轨迹是无法追踪的。

偶然性理论

偶然性理论认为，领导才能的形成取决于环境因素。这些环境因素包括但不限于：领袖得体的行事风格、追随者的行为和能力等。

偶然性理论认为，没有一种领导风格会适用于所有场合，在一个特定的环境里，一种领导风格可能比另一种领导风格的效率更高。这就意味着，在一种环境里可以呼风唤雨的领袖，在另一种环境里可能会彻底失败。

性格特质理论

与伟人理论一样，性格特质理论也基于这样的理念：有人天生具有某种性格特质，非常适合当领袖。性格特质理论的任务之一，就是要确认和比较领袖们所共有的性格和行为特征。

探讨领袖性格特质问题遇到的困难之一，是为什么两个具有相似性格特质的人，最终会有完全不同的结局。有人会成为伟大的领袖，有人只是追随者，甚至是失败者，虽然他们具有很多相似的性格特质。

环境理论

环境理论的建立基于这样的理念：领袖根据环境因素而选择最佳的行动路线。环境理论认为，领袖不能只有一种领导风格，而要综合考虑所有的环境因素。环境因素包括：追随者的能力、领袖的推动力等。

除了其他因素，领袖及其追随者对环境因素的感知能力、领袖自身的精神状态及自我感知能力，也是影响领袖最终采取何种行动路线的重要因素。

分担性理论

分担性理论的基本思想是，一个理想的领袖应当充分听取别人意见。在这种领导风格下，无论是参与还是作出贡献，都会受到鼓励，所有的人不仅会获得参与感，介入决策的过程，他们也会有强烈的责任感。

应当注意的是，按照分担性理论，虽然追随者可以参与决策与行动过程，但是，他们的参与需要得到领袖的批准。

行为理论

与伟人理论和性格特质理论相反，行为理论的基本思想是，领袖不是天生的，而是后天形成的，领导力并不源自个人的心理特征。相反，行为理论认为，领导力是通过观察和训练获得的。在行为理论看来，领导力是可以通过学习而获得的。

变形理论

变形理论也被称为关系理论，它研究领袖与追随者的关系问题。按照变形理论的观点，领袖应当以引导和启迪的方式，让追随者理解特定任务的重要性以及收益情况。变形理论下的领导风格，不仅关注群体的业绩，也关注每个成员是否发挥了全部的潜能。这种领导风格还以高昂的士气与崇高的道德标准为其特征。

交易理论

交易理论也被称为管理理论，它强调监督、团体业绩和组织的作用。按照交易理论的观点，领导力基于奖惩机制而形成，它对追随者的期望有着清晰明确的认识。交易性的领导风格常见于工作场所。如果员工实现了目标，他们就会获得奖励；如果员工没能达到目标，就会受到惩处或者训斥。

成为领袖需要具备什么素质？领袖素质是与生俱来的吗？或者，它是在特定环境里才能培养出来的吗？善于听取别人的意见，会让你变得更优秀吗？优秀的领导力是可以学习而获得的吗？或许，努力让追随者明白，怎样才能实现自己的最大潜能，才是优秀的领袖？或者，一个优秀的领袖可以通过建立一种奖惩制度而产生？理解有关领导力的理论，理解人们对各种类型领导力的见解，在现实世界里具有非常实际的效用。然而，怎样才能成为一位伟大的领袖？简单地说，可以有很多不同的方式。

梦

熄灯后发生了什么？

心理学对梦的定义是，人们在进入睡眠状态时所经历的任何思想、画面或者情绪。心理学家还没有对梦的形成原因以及梦的含义取得一致的看法，不过，他们最终建立了几种重要的理论。

睡眠的“科学”

无论相信与否，科学家仍然不明白睡眠的原因或者目的是什么。

弗洛伊德关于梦的心理分析理论

西格蒙德·弗洛伊德认为，梦的内容和愿望的实现与否是有联系的，梦体现着潜意识里的思想、动机和愿望。此外，弗洛伊德还认为，被意识所压抑的性本能，会出现在我们的梦里。在弗洛伊德的著述《释梦》（*The Interpretation of Dreams*）里，他将梦境分为两种类型。

◎ **显性梦境：**梦中出现真实的思想、内容和画面。

◎ **隐形梦境：**梦中所体现的心理意义是隐藏着的。

为了理解梦境背后的意思，弗洛伊德又把梦细分为 5 个独特的部分。

◎ **错位：**渴望得到某个东西，却表现为渴望得到别的东西或者其他的人。

◎ **映射：**做梦者的需求和愿望映射到梦里的另一个人身上。

◎ **象征：**被压抑的冲动与愿望以隐晦方式出现在梦里。

◎ **凝聚：**大量的信息被压缩成一个画面或者一种思想，其中的含义很难予以解释。

◎ **润饰：**这是梦的最后阶段，不连贯的要素被重新组合起来，组成一个可以理解的梦。

研究结果已经证明，弗洛伊德有关隐形梦境伪装成显性梦境的观点，其实是站不住脚的，但是他的理论极大地激发了心理学家对释梦的兴趣。

卡尔·荣格关于梦的理论

在释梦的问题上，荣格同意弗洛伊德的大部分观点。不过，他也认为，梦不仅表达着被压抑的愿望，也是对某些心理的补偿，这些心理成分在人们清醒的时候没有得到很好的发展。荣格还认为，梦披露了集体无意识和个人无意识的状态，表明了无意识思绪的原始状态。

梦的激活整合模型

1977 年，罗伯特·麦卡利（Robert McCarley）和 J. 阿兰·霍布森（J. Allan Hobson）创建了梦的激活整合模型。利用这个模型，他们论证了梦是在大脑生理运动的过程中形成的。

按照这个模型，在睡眠周期的最后阶段，也就是人们所说的“快速眼动阶段”（Rapid Eye Movement，简称 REM），脑干内的脉冲得到了激活，随后又激活了大脑边缘系统的相关部分，大脑边缘系统在记忆、感知和感情的形成过程中起着关键的作用。大脑随之在大脑内部的活动中生成意义，导致梦的产生。

梦的激活整合模型问世之后，在心理学领域引起了很大的争议，弗洛伊德学派门徒们的反对之声最为激烈。很多心理学家都在寻找隐藏在梦里的意义，梦的激活整合模型却提出了独特的看法，认为梦只是大脑处理其内部活动的产物。

不过，霍布森不认为梦完全没有意义。在他看来，梦是“最具有创造力的意识状态”，很多新思想，不论是奇思妙想还是实用理念，都可以在梦里形成。

霍尔有关梦的理论

心理学家卡尔文· S. 霍尔（Calvin S. Hall）认为，释梦的目的，是要理解进入梦境的那个人，而不是仅仅理解梦的本身。

霍尔认为，合理地解释梦境，需要首先理解以下问题。

◎ 做梦者在梦里的行为。

◎ 梦里的物或物体。

◎ 梦里做梦者与梦里人物的所有互动。

◎ 梦里的场景。

◎ 梦里的所有转换。

◎ 梦的结局。

多姆霍夫有关梦的理论

G. 威廉·多姆霍夫（G. William Domhoff）曾经师从卡尔文·S. 霍尔。他创建的理论认为，梦是做梦者在现实生活里的思想或关注之事的反映。按照多姆霍夫的理论，梦是神经运动过程的产物。

梦里的常见场景

以下是梦里最常见的10个场景，根据弗洛伊德的理论，这些场景可能具有以下含义。

1. **参加没有做好准备的考试**：这类梦不仅与学业考试有关，通常也与做梦者自身相关。比如，演员会梦见自己忘了台词，或者看不清剧本里的字。这类梦与出丑的感觉有关，考试象征着自己受他人的判断和评价。

2. **当众裸体或者穿着不当**：这类梦与羞辱感以及脆弱感相关。

3. **受到追踪或者攻击：**这类梦在儿童中间较为常见，他们的梦里场景主要与人身安全有关，较少与社会上的威胁相关。此外，他们的体格状况让他们常常意识到，他们的身体十分羸弱。对成年人而言，这种梦意味着他们面临着压力。

4. **跌落：**跌落表示目睹形势极度险恶时的感觉，表示失去了控制。

5. **丢失：**通常表示受损时的感觉；或者表示希望找到某物；或者希望确定前进路径，却不知道如何去做。

6. **失去一颗牙齿：**表示在人际关系中被人忽视的感觉，或者表示受到攻击时的感觉。

7. **自然灾害：**这类梦表示个人遇到的问题完全无法克服，个人已经无法控制。

8. **飞翔：**这类梦表示希望逃跑的愿望，或者希望摆脱某个环境的愿望。

9. **濒死或者受伤：**这类梦表示做梦者在现实生活里的某件事情不再兴旺，或者正在枯萎，比如私人关系或者个人品质的败落，但不一定意味着或者暗示与真正死亡相关的思绪。

10. **汽车失控：**这类梦源于面临压力及恐惧时的感觉，源于日常生活失控时的感觉。

心理学家没有完全搞清楚梦的含义，不过，他们的释梦探索对现代心理学的发展发挥着至关重要的作用。从弗洛伊德对释梦的绝妙解释（它认为梦与我们的无意识相关，只代表被压抑的愿望），到G. 威廉·多姆霍夫的理论（这个理论认为梦只是神经运动过程的产物），理解梦的形成原因、梦的种种细节以及梦可能蕴藏的意义，仍然是心理学领域十分重要的研究课题。

艺术疗法

让人更愉悦的艺术

艺术是一种极具表现力的方式。它有助于人们相互沟通和应对压力，有助于人们发现与研究自身性格里的不同方面。在心理学领域，艺术可以被用来改善个人的心理状况，甚至治疗心理紊乱状况。这就是我们所说的艺术疗法。

将艺术创作的创造性过程与心理治疗技巧结合起来，艺术疗法可以帮助个人解决自身面临的问题，缓解生活压力，规范自己的行为，改善人际关系，增强自我意识和自我控制能力。

艺术疗法作为一种独特的疗法，最初出现在20世纪40年代。当时，精神病学家对心理疾病患者的绘画作品产生了兴趣。教育工作者也开始意识到，通过儿童的艺术作品，可以看到他们的心理、认知和感情的发展状况。

何时采用艺术疗法

事实证明，艺术疗法对有些群体产生了非常积极的作用，其中的一些群体如下。

◎ 承受巨大压力的成年人

◎ 有学习障碍的儿童

◎ 有过灾难经历的人

◎ 有心理健康问题的人

◎ 大脑受过伤的人

◎ 家庭或学校里有交流障碍及行为问题的儿童

◎ 任何有沮丧、焦虑情绪或者家庭暴力行为的人

什么不是艺术疗法

艺术疗法不是娱乐性活动，也不教人们如何从事艺术创作。接受艺术疗法的人，不必有从事艺术活动的经历。最重要的是，艺术疗法不需要治疗者去解释病人的艺术作品。艺术疗法要让病人懂得，如何通过艺术活动以治愈心理疾病。

艺术疗法的工作原理

艺术疗法运用的艺术门类包括：绘画、制图、画面拼贴、雕塑等。把病人安置在一个安全的环境里，艺术疗法的施治者可以为病人提供一个题材，让病人以此为素材进行创作，病人也可以漫无目的地随意创作。

病人根据自己的生活经验或相关事件进行创作。在创作过程中，病人可以在更深的层次上思考这些生活经验，把储存在大脑里的经验转化为符号和比喻。生成了这些独特的符号和比喻后，

病人可以用自己的语言来定义它们；这是病人恢复和发现自我的重要环节。只有病人才懂得这些符号和比喻的含义，只有病人才知道如何解释它们。

把病人的“内在自我”的经验提取出来，把它们转化为物理性的客观存在，有助于病人与这些生活经验保持必要的距离。这样，在讨论自己做过的事情时，他们就会感觉更安全。病人不必直接谈论自己面临的问题，很多人很难做到这一点；相反，他们可以和施治者讨论自己创作的作品。经过这个过程，病人可以逐步地增强理解力，逐步地接受自我，形成自我意识。

艺术疗法的其他益处

艺术疗法有助于病人接受自我和形成自我意识。此外，艺术疗法还有其他的益处。

◎ 强力性地积极参与艺术创作过程，有利于消除烦闷、心烦和冷漠的感觉。

◎ 鼓励个人作出决策和选择。

◎ 有利于培养创造力，在面对困难环境时，有利于做出不同往常的反应。

◎ 有利于精神排泄，清除消极情绪。

◎ 有利于向他人学习，有利于向社会学习。

艺术疗法不止于绘画

还有其他种类的艺术疗法，比如，聆听音乐、跳舞、写作、创作剧本（创作型艺术疗法），甚至表演艺术（表达型艺术疗法）。

艺术疗法的真正优势在于，病人可以积极地参与治疗过程。通过艺术作品和符号以表达思想，病人就可以恢复健康，用自己的语言来描述和形成自我意识。

催　眠

这不是烟雾和镜子

按照心理学的观点，催眠是治疗过程里的一种技巧。通过催眠，病人进入极深层次的松弛状态，这让他们开始真正地关注自己的思想。在这种状态里，病人的思想、感觉和行为的关联显现得更加清晰。

媒体通常把催眠视为一种负面行为，实际上，临床经验早就证明，催眠不仅有助于治疗，还具有药物的功效。在减轻病人的焦虑和痛苦方面，催眠的作用尤其明显，有人甚至认为，它还能够缓解痴呆症的相关症状。

在大部分情况下，催眠是治疗过程里的辅助方式，它本身不是一种治疗手段。

催眠的工作原理

催眠用来护理和治疗病人的方式，是改变和重新组织病人的潜意识状态。处于催眠状态时，病人有意识的思维开始弱化，潜意识开始苏醒。为了真正改变病人的生活，很多心理学家认为，不仅是意识，还有潜意识，都需要得到改变。催眠状态下的潜意识比意识更加明显，以往被隐藏的思想、感觉和记忆都会浮现出来，便于心理学家进行探索。

比如，如果有人希望戒烟，他或者她会在意识层面做出种种努力，试图不再吸烟，然而，在他或者她的潜意识层面仍然存在着一种愿望，就是想放弃戒烟的努力。通过理解、改变和重新组织潜意识状态，他或她就可能最终成功戒烟。成功戒烟的原因是他们的潜意识已经得到改变。

处在催眠状态下，病人没有陷入深度的睡眠，不会被逼去做有悖于理智的事情，也不会去做非催眠状态下不会做的事情，更不必服从施治者的每个指令。相反，处于催眠状态下的病人一直能够清楚地意识到自己所处的环境与形势。

催眠治疗的两种方法

◎ **病人分析：**采用催眠的方法，可以发现潜在的症状或者心理紊乱的现象。比如，以往的创伤和事件所造成的心理影响，它们往往隐藏在无意识的层面里。一旦这些症状或者紊乱现象显现出来，就可以采取心理治疗方法进一步干预。

◎ **建议疗法：**一旦被催眠，病人就会改变特定的行为，比如抽烟和咬指甲，因为在催眠状态下，他们会更积极地对相关建议作出回应。这种疗法还可以改变病人的感觉与知觉，经常被用来止痛。

催眠能治疗什么疾病

催眠有助于人们应对各种难于处理的问题，因此，它可以改善人们的心理、情绪和身体状况。催眠通常有助于改善以下状况。

◎ 恐惧症
◎ 压力和焦虑
◎ 惊恐发作
◎ 悲伤
◎ 饮食紊乱
◎ 睡眠障碍
◎ 忧郁症
◎ 吸毒成瘾
◎ 减肥
◎ 戒烟
◎ 多动症
◎ 生育时减少疼痛感
◎ 性生活障碍
◎ 减少接受化疗的癌症病人的恶心和呕吐的症状
◎ 缓解肠道易激综合征的症状

阿尔伯特·艾利斯（1913—2007）

新型心理疗法的创始人

阿尔伯特·艾利斯（Albert Ellis）1913 年 9 月 27 日出生于美国宾夕法尼亚州的匹茨堡（Pittsburgh）。艾利斯后来回忆，他与父母的关系疏远，母亲还深受躁郁症的折磨。在这样的情况下，艾利斯很早就承担起照料和抚养弟弟妹妹的责任。

1934 年，艾利斯从纽约市立大学（City University of New York）毕业。在从事性爱主题的写作过程中，开始对心理学产生兴趣。后来，艾利斯考入哥伦比亚大学，1943 年获得临床医学硕士学位，1947 年获得博士学位。最初，艾利斯坚定地支持西格蒙德·弗洛伊德精神分析学说。不过，卡伦·霍妮、阿尔弗雷德·阿德勒和埃里希·弗洛姆的学说逐渐对艾利斯产生了很大的影响，他很快对弗洛伊德学说提出质疑，并最终与之决裂。

与弗洛伊德学说决裂之后，艾利斯创建了自己的心理疗法，并将其命名为“理性疗法”，后来也称为“理性情绪行为疗法”（REBT）。这通常被认为是认知行为疗法（Cognitive Behavioral Therapy）的起源。1959 年，艾利斯创建了理性生活研究所（Institute for Rational Living）。

在 20 世纪 60 年代的性革命（Sexual Revolution）过程中，艾利斯表现得极其活跃，坦言自己是无神论者。艾利斯在与众多信奉宗教的心理诊所开业者合作，施行了“理性情绪行为疗法”之后，终于发现，信奉更高的神灵可以给人们的心理带来益处。他从未放弃无神论者的立场，不过，直言不讳的语言风格却不见了。他最终得出的结论是，拥有选择的自由才能给心理带来最大的益处。

艾利斯的很多早期著述受到了质疑，不过，他的后半生却赢得了极大的赞誉。越来越多的心理学家认为，认知行为疗法是一种行之有效的治疗方法。今天，阿尔伯特·艾利斯是心理学领域公认的最重要的学者之一。阿尔伯特·艾利斯于 2007 年 1 月 24 日去世。

ABC 模式

阿尔伯特·艾利斯的理性行为情绪疗法认为，日常生活中的事件会引导人们去观察和解释正在发生的事件。这些解释转化为特定的观点，形成对事件的看法。这些观点还包含个人在事件中的作用。一旦形成了观点，就能在观点的引导下，体验由此形成的情绪。下面是以上概念的图式，便于我们理解。

刺激事件和情绪效果

A: 上级错误地指责你，说你偷了他的东西，并且威胁要开除你。

B: 你的反应是：“他敢吗？不敢！他没道理指责我！”

C: 你感觉很难过。

艾利斯的 ABC 模式试图证明，事件 B 是形成事件 C 的原因，但是，事件 A 并不是形成事件 C 的直接原因。你不是因为受到错误指责并受到开除威胁而感到难过，你是因为对事件 B 的看法而感到难过。

博士定义

认知行为疗法：这是一种心理疗法，在预定的疗程里，病人与心理施治者以一种高度结构化的方式相互合作，病人最终会明白，是哪种感情和思想影响了他们的行为。

三个基本误区

艾利斯认为，虽然表现的形式有所不同，但是人都有三种苦恼不堪而非理性的信念。每一种信念都引发出一个需求，或者与自己有关，或者与别人有关，或者与整个世界有关。这三种共同信念被认为是三个基本的误区。

第一个误区：自己的行为一定要十分出色，一定要得到别人的赞许，否则自己就一无是处。

第二个误区：别人一定要友善、公正、殷切地对待你，就像你对待别人那样。如果不这样对待你，他们就是坏人，就应该受到惩罚和谴责。

第三个误区：别人需要什么，自己就一定要为他们提供什么，不能给他们不想要的东西。如果别人没有得到想要的东西，这就很糟糕，别人是无法忍受的。

第一种信念经常引起焦虑、沮丧、负疚和尴尬的情绪。第二种信念经常引起受到攻击、恼怒和被粗暴对待时的情绪。第三种信念引起拖拉和自怜的情绪。如果这些信念是随具体情况而变化的，而不是强迫性的，它们可以引发健康的行为和情绪；一旦信念具有强迫的意义，就会引发问题，出现神经症的症状。

辩论的作用

艾利斯理性行为情绪疗法的基本思想是，把病人的非理性信念转化为理性信念。这是施治者通过与病人讨论非理性信念而完成的。比如，一位施治者会向病人提出这个问题："为什么别人一定要友善地对你？"在回答问题的过程里，病人会逐步地意识到，这些信念其实根本就没有理性的基础。

三种洞察力

艾利斯认为，每个人都可能作出非理性的思考，不过，如果具备了 3 种洞察力，就可以有效地减少非理性思考的频率、长度和密度。

第一种洞察力：人不会无缘无故地陷入焦躁状态，只有在信念僵化固执的情况下，才会焦躁不安。

第二种洞察力：不知道为什么会焦躁不安，人就是感觉焦躁不安，这是因为他们还没有放弃非理性的信念。

第三种洞察力：唯一的解脱之道，就是努力改变信念，这需要长期的训练。

接受现实

对情绪健康的人来说，他们一定会接受现实，即便现实确实令人不悦。采用理性行为情绪疗法，施治者可以帮助病人掌握3种接受方式。

第一种方式：无条件地接受自我。病人必须接受这个现实：他们也会犯错，也没理由不犯错，他们和别人处于同等地位，既不优越，也不卑贱。

第二种方式：无条件地接受别人。病人必须接受这个现实：他们也会受到不公正的对待，别人没理由一定要公正地对待自己，不公正对待自己的那些人，他们既不比其他人优越，也不比其他人卑贱。

第三种方式：无条件地接受生活。病人必须接受这个现实：生活不会总是按照他们希望的方式运转，生活没理由一定要按照他们希望的那种方式运行，生活时常会令人不悦，但是，生活不会永远糟糕下去，生活是我们可以承受的。

阿尔伯特·艾利斯的理性行为情绪疗法是当代最流行的心理治疗方式之一，它为所有的认知行为疗法的发展奠定了基础。

认知行为疗法

关注消极行为

认知行为疗法通常用来治疗忧郁症、恐惧症、焦虑情绪、吸毒上瘾等疾病。这种心理治疗方法通过改变影响着病人的思想与感觉，从而改变他们的消极行为。在认知行为疗法看来，思想与感觉可以影响并强化人的行为。

比如，按照认知行为疗法的观点，如果某人经常想着撞车的情形，这会影响他或者她的行为，他们会尽量避免坐车或者避免自己开车。如果对自我形象和能力有消极的想法，他或者她的自尊程度就很低，他们会尽量避免社交场合，或者干脆放弃各种机会。

通过改变病人的思维模式，他们的行为就会改变。认知行为疗法针对性地帮助病人解决他们深受其害的特定问题，所以，这种疗法的疗程通常很短。经过认知行为疗法的治疗，病人会逐步意识到，他们可能无法控制外部世界强加于他们的事情；但是，他们却有能力去探讨与解释周围环境里发生的事情。

认知行为疗法的治疗阶段

认知行为疗法分为两个治疗阶段。第一阶段是认知行为疗法的功能分析阶段。在这个阶段里，认知行为疗法的施治者要帮助病人确认他的哪个信念是有问题的。通过这个阶段，施治者就可以了解导致病人病态行为的，究竟有哪些环境、感觉和思维方面的因素。对病人来说，经历这个阶段是一个痛苦的过程，但是，获得的洞察力和自我发现，对于治疗效果却至关重要。

认知行为疗法的第二阶段，是针对特定行为的心理治疗。在这个阶段，病人开始学习和练习新的技能，他们以后要在现实世界里运用这些新技能。这通常是一个循序渐进的过程，病人将逐步实现他们的目标。随着疗程的递进，病人的基本目标将不再遥不可及，经过努力是可以实现的。

多模式疗法

认知行为疗法的一种常用形式（除了前面提到的理性行为情绪疗法），是阿诺德·拉扎勒斯（Arnold Lazarus）创建的多模式疗法。多种模式疗法考虑到所有的性格要素，而不是仅仅关注于性格的一两个要素。

拉扎勒斯的多模式疗法建立在这种理念之上：所有人都是一种生物存在，必定具备某些感觉。这些感觉就是体验情绪、意象、思维、感受、气味、行为以及人际关系的能力。

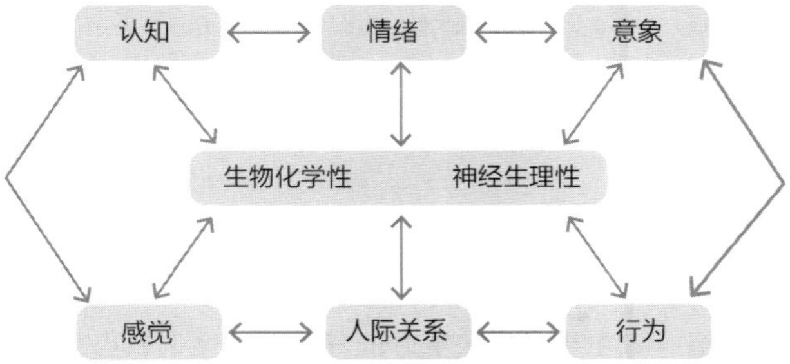

拉扎勒斯理念模式

拉扎勒斯将这些要素缩写为“BASIC I.D.”。

◎ **行为（Behavior）**

◎ **感情表达或情绪（Affective Reactions or Emotions）**

◎ **感觉反应（Sensory Reactions），**如聆听、抚摸、看到、闻到和尝到

◎ **意象（Imagery），**比如自我意象、图像思考能力等

◎ **认知（Cognition），**比如信念、见解、态度、借助于词语的思维等

◎ **人际关系（Interpersonal），**即如何与别人沟通

◎ **药品与生物（Drugs and Biology），**包括冥想、健康、锻炼、睡眠、节食等

多模式疗法的特殊之处在于，每个施治方案都因人而异。在开始治疗前，病人要与施治者进行沟通，这有助于施治者了解病人的哪些感觉出了问题，应当首先采取什么医疗措施。然后，才开始治疗的过程，治疗的重点是确定哪种模式能给病人带来最好

的疗效。不过，不论采取哪种模式，最终还是要实际地干预治疗的过程。

博士定义

搭桥：施治者在寻求疗效更好的其他模式之前，必须首先了解病人最喜欢的模式。

追踪：理解、评价和排序不同的模式，为病人列出“优先顺序”。人们往往根据某种模式对环境做出反应，如果面临相似的环境，这个习性就会更加明显。理解病人所熟悉的特定模式，对于提高疗效具有至关重要的作用。

多模式疗法具有独特的治疗价值，融合了各种治疗技术，也就是说，施治者可以采用多种技巧和心理治疗方法，而不受限于某些特定的理论。

认知疗法

心理学家艾伦·贝克（Aaron Beck）在 20 世纪 60 年代创建了认知疗法，这是认知行为疗法的另一种流行形式。

按照认知疗法的观点，信息经常被过滤和解释，人在这个过程中容易出错，产生错误的信念和消极的情绪。有 10 种被确认的错误思维模式，也就是认知扭曲症状。要改变行为方式，就必须首先改变思维的过程。理解和修复认知扭曲症状，就可以完成这种改变，就是要理解和纠正发生在自己身上的认知扭曲。这 10 种认知扭曲现象如下。

1. **过度概括：**基于一种孤立的现象，就轻易得出普遍意义上的结论。

2. **忽视积极因素：**对积极的事件视而不见，悲观地看待事件。

3. **绝对化思维：**用绝对化的方式进行思考，否认中间状态的存在。

4. **情绪化推断：**不研究实际的情况，也不客观地调查相关事实，而是听任情绪支配自己的认识。

5. **跳跃式判断：**在缺少足够证据的情况下，就认为出现了最坏的情况。

6. **偏向性思维：**忽视事物的积极一面，过分关注事物的消极一面。

7. **心理滤除：**忽视生活中的积极事物，仅仅关注不好的事物。

8. **应然化思维：**不是努力应对实际问题，而是关注事物应该如何出现。

9. **归己化：**为无法控制的事情感到自责。

10. **贴标签和乱贴标签：**给别人及自己贴上错误和不公正的标签。

根据认知行为疗法，要想改变消极的行为，必须首先改变消极的思维过程。采用理性动机行为疗法、认知疗法和多模式疗法，病人就可以逐步认识自己的消极思维模式，并与之作斗争，然后学会必要的新技能，与自己的消极行为模式作斗争。

启发法

作出决定

启发法是人们用来解决问题的一种快速有效的心理策略。它通常也被称作“经验法则（Rule of Thumb）”。采用这种方法，可以快速而有效地作出决定，无须停下来，审慎地思考下一步的行动路线。启发法通常很有用，不过也经常出错，也就是出现偏差。1974 年，丹尼尔·卡内曼（Daniel Kahneman）和阿莫斯·特维斯基（Amos Tversky）确认了启发法的 3 种主要形式，今天我们仍在使用它们。

可得性启发法

可得性启发法（Availability Heuristics）的作用在于人们以能够回忆起来的实例为依据，对发生某件事情的概率或者可能性作出判断。这种方法经常出现差错，它不是依据完整的数据，而是仅仅依赖记忆而作出判断。科学家认为，可以轻易并迅速回忆起来的事件，通常是最近才发生的事件。

比如，如果有人注意到家产抵押权丧失的消息，并且目睹一些相关的事例，他或者她或许就相信，总体上看，家产抵押权丧失的事例正在大幅度上升；或者，如果有人可以迅速举出一些朋友离婚的事例，他或者她可能就声称，离婚率正呈现上升的态势，却不关注真实的统计数据。

可得性启发法还导致人们过高估计小概率事件的可能性。有人看到了最近发生的飞机撞击事件，就害怕搭乘飞机。此外，他们也会过低估计大概率事件的可能性。比如，他们会认为，不采取预防措施的性行为引起性病的可能性很小，因为他们的朋友发生过不采取预防措施的性行为，却没有染上性病，尽管染上性病的概率是很大的。

定锚与调整

定锚与调整启发法（Anchoring and Adjustment Heuristics）的基本思想是：人们往往根据“锚点（Anchors）”或者参照点而作出决定，或者作出预测。这些锚点由一些信息汇集而成，它们可以从人的记忆里被调出，根据决策的要求而适当调整。比如，有人会向你提出以下问题：

密西西比河的长度是超过还是不足 2000 英里？它的长度是超过还是不足 5000 英里？

要回答第一个问题，就需要有一个锚点，有了这个锚点，才能回答第二个问题。因此，第二个答案必须依托于这个锚点。

代表性启发法

代表性启发法（Representativeness Heuristic）的基本思想是：为了确定事件发生或者结局出现的概率，可以寻找一些相似的已知事件，与之相比较，从而确定事件或者结局的出现概率是大体相同的。代表性启发法可能出现的最大错误，就是认为在一个事件里出现的现象，也会在相似的其他事件里出现。

比如，如果有人看到一个男子的胳膊上有刺青，身上穿着皮夹克，他会运用代表性启发法，猜测那个男子很可能是骑摩托车来的。这个人会认为，那个男子代表着摩托车驾驶员的群体，也就是说，他应当被归入摩托车驾驶员的群体。

代表性启发法也可以用来解释“赌徒谬误（Gambler's Fallacy）”现象。在“赌徒谬误”现象里，人们错误地认为，他们有能力预测随机事件的发生概率，可以根据以往的信息来预测赌博的输赢，即便事件每次发生的概率都是一样的。比如，将一枚硬币抛扔数次，如果总是正面朝上，有人就会认为，等下一次抛扔硬币，肯定就会背面朝上，理由是正面朝上的次数已经出现多次了。他们完全忽略了这个事实：每次抛扔硬币，正面朝上和背面朝上都各有 50% 的概率。代表性启发法还会导致人们忽视基本的比例，也就是一个事件的发生频率。

哈里·斯塔克·沙利文（1892—1949）

人际关系的心理分析

哈里·斯塔克·沙利文（Harry Stack Sullivan）1892年2月21日出生于美国纽约州的诺威奇（Norwich）镇。作为爱尔兰移民的儿子，沙利文在这个充满反天主教气氛的环境里长大，这使他有一种与世隔绝的感觉。这种氛围深深地影响了他，他在以后的著述里提出了“社交孤立（Social Isolation）”的概念。

1917年，沙利文在芝加哥医学与外科学院（Chicago College of Medicine and Surgery）获得医学硕士学位。沙利文最著名的研究成果包括：对人际关系的研究、对心理疾病患者孤独状态的研究、对精神分裂症患者的研究，以及对西格蒙德·弗洛伊德学说的修正。沙利文赞同弗洛伊德学说的主要观点，但是，他从关于心理分析的观点开始与弗洛伊德的学说渐行渐远，最重要的是，他对弗洛伊德的性心理发育理论提出了质疑。

从1925年到1929年，在没有药物干预的情况下，沙利文对精神分裂症做了深入研究，并且取得了丰硕的成果。沙利文认为，精神分裂症并非无法治愈，它在很大程度上是文化暴力的产物。

他所研究的男子都是同性恋者，这个特点引起了人们的特别关注，很多人认为，沙利文本人就是一个秘密的男同性恋者。确实，沙利文的一个男性病人后来成了他的情人，曾经与他同居，但是这位男子一直被误认为是沙利文的过继儿子。

1933 年至 1936 年，沙利文先后参与创建了威廉 • 艾伦森 • 怀特精神病学基金会（William Alanson White Psychiatric Foundation）和华盛顿精神病学院（Washington School of Psychiatry）。第二次世界大战爆发后，沙利文参与创建世界心理健康联盟组织（World Federation for Mental Health）。1938 年，他创建了《精神病学》（*Psychiatry*）杂志，并且担任编辑。1949 年 1 月 14 日，哈里 • 斯塔克 • 沙利文去世，享年 56 岁。沙利文对性格研究以及心理治疗技巧的贡献，至今仍然影响着心理学领域。

哈里 • 斯塔克 • 沙利文的人际关系理论

尽管大部分时间过着与世隔绝的生活，但是，哈里 • 斯塔克 • 沙利文却能够理解人际关系对个人的重要意义。沙利文认为，性格是个人与他人相互作用的结果。沙利文把性格看作一个能量系统，这个系统或由实际的行动构成，他称之为能量变形；或由潜在的行动构成，他称之为张力。沙利文认为有两种类型的张力：需求与焦虑。

需求

要减少需求，必须采取必要的行动。需求与身体的一些部位有关，比如生殖器官和口腔；也可能与个人的整体感觉有关。需求可能是生理方面的，比如对食物和氧气的需求；也可能是人际关系方面的，比如对亲密关系和柔情的需求。

焦虑

持续的行动不能缓解焦虑情绪。沙利文认为，焦虑是人际关系失调的主要因素。如果人能完全消除焦虑和张力，就能体验到幸福的感觉。

动力机制

沙利文将一种标准的行为模式称作动力机制，认为动力机制与张力有关，也可能与身体的特定部位有关。沙利文划分出 4 种动力机制。

◎ **亲密关系：**两个地位相等的人之间的密切关系。它可以缓解孤独感和焦虑情绪，激励人际关系的发展。

◎ **性欲：**这是一种以自我为中心的欲望，即便没有亲密人际关系也能得到满足。性欲是一种完全基于性满足的动力机制，不必要求性对象也满足性需求。

◎ **敌意：**仇恨、邪恶、四面是敌的感觉，是敌意这个机制的内在含义。充满敌意的儿童很难和别人形成亲密关系，很难关照别人，也很难接受别人的善意。

◎ **自我系统：**这是维护个人安全的一种行为模式，保护个人不受焦虑情绪的干扰。这种动力机制通常抑制性格的变化。如果自我系统体验到异常现象，安全运行模式（这是一种心理行为，可以减少人际关系中的张力）就有必要启动。安全运行模式包括体验的封闭，即在个人意识里封闭体验的通道；还包括选择性的关注，即在个人意识里封闭特定的体验。

拟人法

按照沙利文的理论，在与他人的互动过程里，个人可以对自身作拟人化的处理。具体如下。

◎ **坏我**：这是自我中秘不示人的部分，可能就是本人的自我，它被认为是消极的部分。通常如果我们感到焦虑，那是因为意识辨认出了坏我。比如，想起了导致尴尬的事情，那就是意识辨认出了坏我。

◎ **好我**：本人欣赏的任何方面，都属于好我的范畴。好我不会导致焦虑，可以与别人共享，因此，它通常是人们乐于关注的部分。

◎ **非我**：导致焦虑的所有因素，都属于非我的范畴。它被推送到无意识状态，因而脱离于意识之外。

与西格蒙德·弗洛伊德一样，沙利文也认为，童年的经历和母亲的影响，对性格的发展具有关键性的作用。与弗洛伊德不同的是，沙利文认为，度过青少年时期进入了成人阶段之后，性格仍然会发展。沙利文把他定义的几个发展阶段称之为“纪元

（Epochs）”，并且认为，人们以某种顺序经历不同的“纪元”，其决定性的因素不是时间，而是他们所处的社会环境。沙利文的“纪元”包括以下几个阶段。

1. **婴儿期（出生—1 岁）：**在这个纪元里，母亲的形象让孩子体验到温情，孩子知道了什么是焦虑。

2. **童年期（1—5 岁）：**母亲依然是孩子的主要交流对象，不过，孩子学会了区分母亲和其他照料者。

3. **少年期（6—8 岁）：**孩子需要有玩伴儿，希望寻找生活背景相同的伙伴。这是他们步入社会化的阶段，他们应该学会如何与人合作、如何做出妥协，以及如何与其他孩子竞争。

4. **青春期前阶段（9—12 岁）：**这是最重要的阶段，之前的错误都可能在这个阶段得到纠正，然而，在这个阶段犯下的错误以后就很难纠正了。儿童在这个阶段会结识一位关系最密切的好朋友。如果儿童在这个阶段没有体验到亲密的关系，成人以后他们与性伙伴的相处将会遇到障碍。

5. **青春期早期（13—17 岁）：**这是青春期的开始阶段。对友谊的需求依然存在，不过，孩子也产生了性表达的需求，开始对异性产生兴趣。在这个阶段，性欲冲动开始出现。如果孩子还没有与别人形成亲密的关系，就会把爱和性欲混为一谈，会与别人发生没有亲密感的性关系。

6. **青春期晚期（18—23 岁）：**孩子还在 16 岁时，就进入了这个纪元，不过，如果孩子对一个人形成了亲密的关系，又发生了性关系，并且长时间保持这种关系，就标志着后青春期的到来。这个纪元的一个特点，是孩子开始学习在成人世界里如何生活。

7. **成人阶段（23 岁以上）：**在这个纪元，人们确定了自己的职业，经济上有了保障，有了自己的家庭，稳固地确立了世界观。如果在前几个纪元里都获得成功，进入这个纪元后，人际关系和社会化过程就会很顺畅；然而，如果在前几个纪元里没能成功，进入这个纪元后，导致焦虑情绪的人际冲突会大量出现。

沙利文对性格问题的深入研究，引发了对人际心理分析的研究，这种心理分析方式，从分析个人以往人际关系入手，进而研究其当前的精神病变状况。沙利文的理论没有成为盛行的理论，但是它对心理学发展的影响是毋庸置疑的。

神奇数字“7 ± 2”

记忆的长度

1956 年，心理学家乔治·A. 米勒（George A. Miller）发表了一篇著名的论文，论文题目是《神奇数字“7”，增减幅度“2”：信息处理能力的某些局限》（*The Magical Number Seven, Plus or Minus Two: Some Limits on Our Capacity for Processing Information*）。在这篇论文里，米勒从理论的角度提出在任何时间里，人的短期记忆（Short-Term Memory，简称 STM）只能记住 7 个信息，增减幅度为“2”。为了记住 7 个以上的信息，必须首先把信息整合成一个信息包。比如，把单词组织成句子，或者把句子组织为故事，这样，短期记忆能力就能记住 7 个以上的单词。尽管如此，记忆力在同一时间也只能记住 7 个信息包。比如，人们很难记住以下数字，因为数字超过了 7 个：

4819762013

不过，如果以自然的方式，把数字整合成一个信息包，短期记忆力就可以记住它们。根据上述数字的顺序，如果对数字归类（按照我们熟悉的概念做出归类，比如按照年份），就可以把 10 个数字按以下顺序组合起来：

4-8-1976-2013

在此之前，我们很难记住这些单个的数字，如果我们把它们整合成一个包含四组数字的字符串，就容易记住了。

为了改进短期记忆力，信息必须整合成更大的信息包。将各个较小的部分连缀起来，构成一个更大的整体，就能改善记忆力。

重新编码

在米勒的那篇著名论文里，他引述了心理学家悉尼·史密斯（Sydney Smith）的研究结果，后者可以记住一长串4个一组的二进制数字。一个二进制数字相当于一个十进制数字。比如，数字2可以用0010这样的二进制数字来表示。史密斯意识到，用16个二进制数字就可以表示4个十进制数字。于是，他用4∶1的比例来提高记忆力，原来只能记住10个二进制数字，后来提高到可以记住40个二进制数字。到了最后的研究阶段，史密斯已经可以记住10个连续的十进制数字，并且把它们转化为二进制数字，生成一份40个二进制数字的清单。

1980年，心理学家K.安德斯·埃里克森（K. Anders Ericsson）、赫伯特·西蒙（Herbert Simon）和比尔·蔡斯（Bill Chase）决定扩展重新编码的概念。三位心理学家对一位大学生提出要求，在延续一年半的时间里，让他每星期用3到5天、每天用一个小时的时间，设法记住几串随机的十进制数字。不可思议的是，到实验的最后阶段，这位大学生的记忆力有了很大的提高：原先只能记住7个数字，后来竟然可以记住79个数字。在听到一串随机的79个数字后，他能够毫无差错地重复这串数字，甚至还能记得前几天看到的数字顺序。

这位大学生没有用特殊的方法记住数字，而是利用了个人的生活经验。作为一名跑步爱好者，他用跑步所用的时间来记住数字的顺序，对数字重新做了编码。比如，数字 3593 被记为 3 分 59.3 秒。后来，他还以年龄为依据，对数字进行了编码。

米勒、里克森、埃西蒙以及蔡斯证明了，利用复杂而精巧的编码体系，把数字整合成结构性的信息，记忆力就会得到极大的改善。

埃利希·弗洛姆（1900—1980）

人类基本需求

埃利希·弗洛姆（Erich Fromm）1900年3月23日出生于德国的法兰克福，他的父母是一对信奉东正教的犹太夫妇，弗洛姆是他们的独生子。按照弗洛姆自己回忆，他在童年时就信奉东正教，是一个非常敏感的孩子。童年时代的宗教环境对他以后的心理学研究产生了重要的影响。

第一次世界大战爆发之际，弗洛姆开始关注群体行为的问题，在他年仅14岁时，就开始学习西格蒙德·弗洛伊德和卡尔·马克思（Karl Marx）的著作。1922年，弗洛姆从海德尔堡大学（University of Heidelberg）毕业，获得社会学博士学位，开始以心理分析家（Psychoanalyst）的身份从事相关工作。纳粹执掌德国之后，弗洛姆逃离了德国，在位于纽约市的哥伦比亚大学担任教学工作，他在那里见到了卡伦·霍妮和亚伯拉罕·马斯洛，并与他们一起工作。

弗洛姆被认为是20世纪心理分析领域最重要的人物之一，其对人文心理学的发展产生了很大的影响。和卡尔·荣格、阿尔弗雷德·阿德勒、卡伦·霍妮和安德斯·埃里克森一样，弗洛姆也属于“新弗洛伊德”学派。这个学派赞同弗洛伊德的大部分观点，但是，也尖锐地批评了弗洛伊德的部分观点，并且把自己的观点与弗洛伊德的理论融合了起来。

弗洛姆的研究综合了弗洛伊德和马克思的研究成果。弗洛伊德注重对无意识状态和人的生物性的研究，马克思强调社会和经济制度的重要作用。弗洛姆认为，在决定个人命运的问题上，生物因素有时候发挥着重要的作用，而在其他情况下，社会因素则发挥着重要的作用。不过，弗洛姆导入了他认为真正符合人性的东西，那就是自由。弗洛姆对政治心理学、人性和爱的研究，确立了他在心理学界的学术地位。1944 年，弗洛姆迁移到墨西哥，在那里创建了墨西哥心理分析研究所（Mexican Institute of Psychoanalysis）并担任主任，一直到 1976 年才卸任。1980 年 3 月 18 日，埃里希·弗洛姆因心脏病发作，在瑞士的穆拉尔托（Muralto）去世。

新弗洛伊德学派的不同观点

新弗洛伊德学派提出了自己的观点，不过，他们也遇到了弗洛伊德面临的问题。这些问题如下。

◎ 弗洛伊德对人类持悲观的看法。

◎ 弗洛伊德认为，童年经历即便不是完全，也是在很大程度上决定了个人的性格。

◎ 弗洛伊德没有意识到，社会和文化因素对人的性格和行为也有着重要的影响。

自由

弗洛姆认为，自由（既不是自主，也不是政治自由）是人们试图极力摆脱的东西。人为什么要试图摆脱自由的状态？弗洛姆赞同一种被普遍接受的看法：要获得个人自由，外部权威必须给予人以自由。不过，他还认为，在限制和压制自由的那些人的内心，也有一个心理发展的过程。因此，个人要获得真正的自由形式，必须首先克制这个心理发展过程。在弗洛姆看来，自由意味着独立，意味着无论出于什么目的和意义，都不能依赖任何人，只能依靠自己。自由可能引起孤独、恐惧、异化和渺小的情绪。在极端的情况下，最真实的自由形式甚至会导致精神疾病。弗洛姆最终得出的结论是，因为从心理学角度看，自由是很难获得的，因此人会极力地回避它。他提出了获得自由的三种主要方式，如下。

1. **专制方式：**人可以屈从于权势，或者自己成为权势人物，从而置身于专制社会，成为其中的一员。弗洛姆注意到，专制方式的极端形式是虐待狂和受虐狂，不过，最常见的是温和的专制方式，比如，教师与学生的关系。

2. **毁灭方式：**面临苦难的时候，有人会毁灭身边的任何东西。在毁灭方式下，会出现羞辱、残忍、犯罪等现象。毁灭方式还会针对自身，就是所谓的自我毁灭，最明显的例子是自杀。弗洛伊德认为，毁灭方式是自我毁灭意识转向别人的结果；而弗洛姆的观点正好相反，认为自我毁灭是对毁灭方式感到沮丧的结果。

3. **自动从众方式：**在等级制度不明显的社会里，人可以把自己隐藏在大众文化里，隐藏在公众之中。比如，像他们那样交谈、着装和思考，就不必承担责任，也就不必承担自己的自由。

在怎样躲避自由的问题上，人如何做出选择，这取决于他们成长的家庭环境。按照弗洛姆的观点，在一个健康而富于创造力的家庭里，家长教育孩子如何思考的时候，有责任创造充满爱意的气氛。只有这样，孩子才能慢慢地懂得应当怎样承担责任，应当怎样理解自由的意义。但是，也有很多死气沉沉的家庭，在弗洛姆看来，这种家庭是在鼓励孩子采取回避行为。

1. **共生家庭：**在这类家庭里，家庭成员的性格得不到全面发展，因为家庭的其他成员“淹没了他们”。比如，如果孩子的性格只是迎合父母的愿望，或者孩子控制着父母，父母的存在只是为了伺候孩子，孩子的性格就得不到全面的发展。

2. **回收家庭：**在这类家庭里，父母期盼孩子取得优异的成绩，对孩子的要求十分苛刻。这类家庭的父母会采取仪式化的惩处方法，他们会告诫孩子，这样做“是为孩子好”。他们的另一种惩处方法，不是针对孩子的身体，而是针对孩子的情绪，比如让孩子产生负疚感、对待孩子态度冷漠等。

不过，弗洛姆认为，家长的教育只是一个方面。在他看来，人已经习惯于遵守秩序，以至于他们根本就没有意识到正在按照某种秩序行事，也就是说，社会规则已经渗透进入了人的无意识状态，阻碍人获得真正的自由。他把这个现象称作社会无意识状态（Social Unconscious）。

弗洛姆的人类需求理论

埃利希·弗洛姆把需求分为“人类需求”和“动物需求”两大类。按照弗洛姆的观点，动物需求是基本的生物需求，人类需求有助于寻找人为什么存在的答案，彰显重新融入真实世界的愿望。

埃利希·弗洛姆认为，有八种人类需求。

1. **关联：**与别人形成良好的关系。

2. **超越：**未经本人同意人就降生于世，所以人要通过创造或者毁灭，去跨越或者超越我们的天性。

3. **寻根：**在这个世界上生根，并且有家的感觉。如果生根过程卓有成效，孩子将超越母子关系而走向成熟；如果生根过程不尽如人意，孩子会担心失去母亲的庇护。

4. **认同感：**弗洛姆认为，为保持理性状态，人需要有个性化的感受，然而，人的身份认同愿望又很强烈，迫使他们必须遵守规则；遵守规则不会生成个人的身份认同，而是驱使人去仿效和发展别人的身份认同。

5. **取向框架：**人需要理解世界，需要理解如何适应世界。人可以在宗教、科学、个人生活理念和任何有助于观察世界的事物里，找到这样的框架结构。

6. **兴奋与刺激：**积极努力地实现目标，而不是仅仅消极地做出反应。

7. **统一性：**与自然界和人类社会相互融合的需求。

8. **有效性：**有所成就的需求。

埃利希·弗洛姆被认为是20世纪最重要、最有影响力的心理学家之一。在人道主义心理学的发展过程中，他提出了人类是一个矛盾体的观点。在弗洛姆看来，生活就是一种愿望，人既希望成为自然的一部分，又希望独立于自然；自由其实是人极力躲避的一种状态。

慈善的撒玛利亚人实验

理解助人的意义

1978 年，心理学家约翰·达利（John Darley）和丹尼尔·巴特森（Daniel Batson）根据《圣经》里有关慈善撒玛利亚人的寓言，设计了一项实验。

慈善撒玛利亚人的寓言

在这个寓言里，一位犹太男子从耶路撒冷出发，前往耶利哥，途中遭到抢劫和殴打，被遗弃在路边，很快就要死去。在他即将死去的时候，一位拉比经过此地。拉比没有出于良知去帮助男子，而是假装没看到他，走到路的另一边。过了一会儿，一位利未人经过这里。利未人也没有帮助可怜的男子，只是看了看他，然后也走到路的另一边，就像那位拉比一样。又过了一会儿，一位撒玛利亚人经过受伤男子的身边。尽管撒玛利亚人和犹太人是仇敌，他还是把男子送到一家旅店，照料了他一个晚上。第二天早晨，撒玛利亚人还向旅店付了房钱，叮嘱伺者要好好照料犹太男子，表示不管花多少钱，他都愿意支付。

达利和巴特森计划对以下假设进行测试。

1. **据说，**拉比和利未人没去帮助受伤的犹太男子，是因为他们过于注重宗教的教义，因此而不知所措。达利和巴特森测试的第一个假设是：笃信宗教的人与不信宗教的人相比，前者是否更不可能去帮助别人。

2. **第二个假设是：**处于忙碌状态的人不太可能去帮助别人，也不太可能表达帮助别人的愿望。

3. **第三个假设是：**希望通过宗教理解生活的意义、获得神灵洞察力的人，如果与希望利用宗教获得个人利益的人相比，是否更有可能去帮助别人。

实验 | 慈善的撒玛利亚人实验

实验对象是从事宗教学习的学生，他们先要完成一份问卷，通过问卷会询问他们的宗教归属及其信仰，这些资料被用来测试上述第三个假设。

1. 学生在教室里收听有关宗教内容的讲演，然后被告知，他们要到另一座建筑物里去。
2. 在这两座建筑物之间，一位演员躺在地上，看样子是受伤了，迫切需要帮助。
3. 为测试实验对象的急切程度，一些学生被告知要加快脚步，必须在很短时间内抵达那座建筑物。而另外一些学生被告知，根本没必要着急。
4. 为测试实验对象的精神状态，一些学生被告知，一旦抵达目的建筑物，他们要讲述有关慈善撒玛利亚人的寓言；

而另一些学生被告知，他们要讲述神学院的学习流程。

5. 为评估实验对象的行为，设置了一个包括六种可能性的计划，既有完全没注意受伤演员的实验对象，也有一直陪伴着受伤演员、直到救援人员来到的实验对象。

实验结果

通过这个实验，达利和巴特森发现，在是否止步救助伤者的问题上，实验对象是否处于忙碌状态，这是一个重要的决定因素。如果实验对象并不匆忙，63% 的人都会停下脚步去帮助伤者。如果实验对象正处于忙碌状态，就只有 10% 的人会停下脚步去帮助伤者。

那些讲述慈善撒玛利亚人寓言的学生，如果与那些讲授神学院学习流程的学生相比，他们愿意停下脚步去帮助伤者的人数，几乎是后者的两倍。这个结果表明，在是否愿意帮助别人的问题上，个人的思想品格也是一个重要因素；不过，思想品格的重要程度，弱于是否处于忙碌状态这个因素，大部分处于忙碌状态、准备讲述慈善撒玛利亚人寓言的学生，没有为伤者提供任何帮助。

最后，希望利用宗教以获取个人利益，或者获得神灵洞察力，这个因素在是否会帮助别人的问题上，似乎完全不起作用。

对伤者视而不见的那些学生到达目的地后，表达了焦虑和负疚的心情，这似乎表示，没去帮助伤者的原因可以归诸时间紧张和压力过大，并不说明学生缺乏爱心。

通过慈善撒玛利亚人的实验，研究者成功地证明了人们没有停下脚步去帮助“受害者（Victim）”，完全是因为他们的时间已被占用。因此，他们大脑考虑的问题不同，其行为也会出现极大的差异。

人格障碍

行为迷失之际

人格障碍是指行为模式和内心体验偏离了所属文化规范的现象。这些行为模式很难改变，也无法摆脱，形成于人的幼年或者青少年时代，会对日常生活造成严重的痛苦和损害。

研究人员还不能确定人格障碍的形成原因。一些研究人员认为，人格障碍是遗传的结果；另一些研究人员认为，人格障碍源于早期的生活体验，一些早期的生活体验会阻碍正常的行为和思维模式的发展。

对人格障碍的诊断

心理学家基于《精神病诊断与统计手册》（*Diagnostic and Statistical Manual of Mental Disorders*，简称 DSM-IV）对人格障碍作出诊断。人格障碍的症状如下。

◎ 行为模式必定影响他们生活的不同方面，包括但不限于人际关系、工作以及社会生活。

◎ 行为模式必定持久而普遍。

◎ 人格障碍必定影响两个或两个以上的因素，即感觉、思想、控制冲动的能力、与别人合作的能力。

◎ 行为模式必定形成于青少年时期或者成年之初。

◎ 行为模式不会随着时间的流逝而改变。

◎ 这些症状不是药物作用的结果，也不是心理疾病或者吸食毒品的结果。

不同类型的人格障碍

有十种不同类型的人格障碍，按照它们的特点，可以归纳为三种特征明显的群组。

群组 A

这个群组里的人格障碍表现为古怪及反常的行为，具体如下。

1. **偏执型人格障碍**：这种人格障碍与精神分裂症相似，美国 2% 的成年人都有这种人格障碍。具体的症状包括：经常揣摩和怀疑别人；感觉自己受到了盘剥、蒙骗和欺诈；总是从对话和手语里寻找隐含的意义；认为工作搭档、家庭成员和朋友都不值得信赖，都背叛了自己；感觉受骗而经常发火。有偏执型人格障碍的人通常性格古板、妒忌心很强、行为诡秘、待人冷漠。

2. **类精神分裂型人格障碍**：这是一种较为少见的人格障碍，目前还不清楚有这种人格障碍的人口比例，不过可以确定的是，男人比女人更容易有这种人格障碍。类精神分裂型人格障碍的症状包括：很少或完全没有和别人形成亲密关系的愿望；基本不参加快乐而有趣的活动；远离他人；对拒绝、批评、肯定或表扬都无动于衷。有此类人格障碍症的人，通常比较孤僻、缺少感情、性格冷漠。

3. **分裂型人格障碍：**在美国的成年人口里，3% 的人有这种人格障碍。分裂型人格障碍的症状包括：有古怪的观念、行为和思想；在建立和维护人际关系方面存在障碍；有严重的社交焦虑症（无论出于何种环境如何，都不能摆脱焦虑情绪）；笃信读心术；笃信自己能预测未来；反应过度；漠视别人，经常自言自语。有此类人格障碍症的人，很容易患精神失常症和忧郁症。

群组 B

这个群组的人格障碍表现为古怪而夸张的行为，具体如下。

1. **反社会型人格障碍：**这种人格障碍更多发生在男性身上。根据调查，有这种人格障碍症的男性占总人口的 3%，女性占总人口的 1%。反社会型人格障碍的症状包括：完全不顾别人的安全，也不在意自己的安全；经常说谎；做事冲动；攻击性很强；容易被激怒（经常与人发生冲突）；对别人冷漠无情；不遵守社会规则。有这种人格障碍的人经常会触犯法律。

2. **边缘型人格障碍：**有这种人格障碍的美国成年人占总人口的 1%—2%，男性比女性更容易患这种人格障碍。边缘型人格障碍的症状包括：极度沮丧、焦虑和易怒（可以持续几个小时到几天不等）；做事冲动；会以自虐行为（比如吸食毒品和暴饮暴食）作为威胁手段控制别人；自我形象“低劣”，自我认同低下，经常过低或过高地评估别人，人际关系处于不稳定和紧张的状态。

3. **表演型人格障碍：**在这种人格障碍患者里，女性多于男性，其总数占美国成年人口的 2%—3%。表演型人格障碍的症状包括：希望成为关注的焦点；经常有不得体的行为，这些行为通常具有性挑逗或煽动的性质；表露肤浅的情绪，又经常变化；容易受别人影响；在人际关系里经常高估与他人的亲密程度；说话含糊，缺少真实的细节，过分地夸张和戏剧化。

4. **自恋型人格障碍：**有这种人格障碍的人占美国成年人口的 1%。自恋型人格障碍的症状包括：自我膨胀；幻想权力和成功；坚信唯我独大，只和地位相当的人交往，认为只有他们才理解自己；觉得有资格也值得享受特殊的待遇；嫉妒别人；觉得别人也嫉妒自己；利用别人为自己谋取私利；漠视别人；经常渴望赞扬、肯定和关注。

群组 C

这个群组的人格障碍表现为由恐惧和焦虑而引发的情绪和行为。

1. **逃避型人格障碍：**有这种人格障碍的人约占美国成年人口的 1%。有这种人格障碍的人可能发展为焦虑症患者，比如有社交恐惧症和场所恐惧症的症状。逃避型人格障碍的症状包括：无法承受压力；极度害羞；被拒绝或受批评时过于敏感；避免社交和人际交流（比如在工作场所和学校里）；自我评价很低；希望与别人形成亲密关系，却不能与家庭之外的人士形成这种关系。

2. **依赖型人格障碍：**有这种人格障碍的人约占美国成年人口的 2.5%。有依赖型人格障碍的人通常也有边缘型人格障碍、逃避型人格障碍以及表演型人格障碍的症状。依赖型人格障碍的症状包括：对所有的拒绝和批评都很敏感；极度不自信，自尊程度很低；

遇事退缩；与人交往时扮演弱者角色；难于自主决定；躲避任何责任。

3. 强迫型人格障碍：有这种人格障碍的人约占美国成年人口的1%，男性是女性的两倍。有这种人格障碍的人在面临压力和感到焦虑时，容易患其他的疾病。强迫型人格障碍的症状包括：在不能完全控制的场合下会感到软弱无助；拘泥于秩序、控制、规则、各种清单以及完美目标；不愿舍弃已经没有价值的感情；即便有损于目标的实现，也要盲目地追求完美；过分沉溺于工作以至于忘了其他事情；需要改变时却墨守成规，抗拒变化。有这种人格障碍的人通常具有顽固与苛刻的性格特征。他们十分吝啬，认为金钱是用来应对未来灾难的工具，而不是自己或其他人可以消费的资源。应当注意的是，尽管强迫型人格障碍（Obsessive-Compulsive Personality Disorder，简称OCPD）与强迫焦虑症（Obsessive-Compulsive Anxiety Disorder，简称OCD）有很多相似之处，但这是两种截然不同的精神疾病。

人格对经验的形成和理解至关重要，因此，个人在日常生活中的行为与互动关系，如果偏离了所在文化的规范，会对个人造成严重的影响。在理解人格障碍的过程里，把它细分为若干个不同的类型，心理学家就可以进一步理解和帮助有人格障碍的人。

分离性障碍

不要忽视记忆中断现象

分离性障碍是人的感知、记忆、身份或知觉出现紊乱、中断或者分离现象的结果。如果这些重要功能不能正常工作，人会面临巨大的心理压力。分离性障碍有几种主要的类型，它们也有一些共同的特征。

心理学家认为，这几种分离性障碍都源自个人经历的创伤。经历了这些创伤后，有人就把分离作为应对的方式，原因就在于，遭受创伤时的环境和体验都不堪回首，无法将其融入自己的意识。在通常情况下，分离性障碍，或者说分离性障碍的症状，会出现在其他的精神疾病里，这些精神疾病包括：恐慌症、强迫型性格障碍、创伤后应激障碍。

以下是分离性障碍的 4 种类型。

分离型失忆

在这种分离型性格障碍里，患者会回避与压力或创伤相关的关键信息。分离型失忆又细分为 4 种类型：

◎ **局部性失忆：**与特定的、通常是创伤事件相关的记忆缺失。局部失忆有时效性。比如，如果有人遭遇了车祸，三天后才回想起当时的情景，这就是局部性失忆。

◎ **选择性失忆：**有人只能回想起特定时间里某个事件的片段。比如，如果有人遭到了体罚，事后他或者她只能想起体罚时的某些片段。

◎ **普遍性失忆：**有人无法回想起自己一生里的所有细节。这种失忆现象非常罕见。

◎ **系统性失忆：**有人的失忆仅限于特定的信息。比如，有人无法回想起有关某地或者某人相关的所有信息。

如果患者有局部性失忆、选择性失忆或者系统性失忆的现象，可以断定患者往往也有更严重、性质更复杂的分离性障碍，比如分离性身份识别障碍。

分离性神游症

这是一种非常罕见的分离性障碍，患者在毫无计划的情况下，会忽然离开所在的环境，去一个遥远的地方。旅行的时间长短不等，短则几个小时，长则几个月。一些分离性神游症患者甚至会旅行几千公里。在神游的状态下，患者会呈现失忆的症状，他们不明白自己为什么要远离故土，也很难回想起自己的过去。他们或者记不清自己的身份，或者全然忘记了自己的身份；在某种罕见的情况下，他们甚至会选择新的身份。

分离性身份识别障碍

这也被称作多重人格障碍，是一种众所周知的分离性障碍。有分离性身份识别障碍的人，具有多个不同的性格与身份，而不像常人那样，只有一种性格与身份。他们会反复地至少展现出两种性格，并且表现在行动之中，这就是分离型身份识别障碍的症状。这类患者的 50% 有 11 种以内的身份，也有一些患者会有多达 100 种身份。

分离性障碍患者有自己独特的身份、自我形象、历史和名字。如果患者选择多种身份里的一种，也就是所谓的变更身份，他们的记忆就会出现很大的空白。患者只用几秒钟的时间，就可以变更成另一种身份，变更的内容包括年龄、民族、性别、性取向，甚至是身体语言和姿势。多重性格的展现和变更，通常是在压力下发生的。

分离性障碍患者往往还有其他的人格障碍，比如边缘型人格障碍、忧郁症、饮食紊乱、药物滥用等。这些疾病纠结在一起，会引发暴力、自残和自杀行为。

自我感丧失

有这类性格障碍的人会感到与世隔绝。他们的身体感觉似乎是不真实的。自我感觉丧失的症状是因人而异的，不过，对这种症状最常见的描述是：患者感觉身体正在分解或者经历改变；感觉自己像一个外在的观察者，正审视着自己的生活；感觉自己漂浮在天花板上，正朝下望着自己；感觉自己像机器人或者机器。大部分这类患者还会体验到孤独的情绪和麻木的感觉。

缺失了自我感，并非就是自我感丧失症。自我感丧失通常也是其他性格障碍的症状，比如惊恐症、急性应激障碍、创伤后应激障碍和边缘型性格障碍。在面临创伤或者惊恐袭击事件时，如果出现自我感丧失的症状，并不能就此确证为自我感丧失症。

身心完全正常的人也会出现自我感丧失的症状。睡眠缺失、精神压力过大、使用某种麻醉药剂、处于某种实验条件下（比如处于减肥过程），都会引发自我感的丧失。

自我感丧失是一种常见的现象，只有在症状严重的时候，才会对人造成巨大的精神压力，需要外力干预才能恢复正常。

罗森汉实验

把正常人放到不正常的环境里，会发生什么情况？

1973 年，斯坦福大学教授戴维・罗森汉（David Rosenhan）设计了一个实验，试图创建一种可靠的方式，供精神病学家辨别精神正常的人和精神失常的人，以此向精神病学的整体诊断概念提出挑战。在罗森汉看来，如果精神病学家无法做出这种区分，他们就无法以有效的方式，可靠地诊断出病人的异常现象。罗森汉实验由两部分组成。

匿名病人实验

为实施这个实验，罗森汉招募了 8 个实验对象，其中包括 3 位心理学家，1 位精神病学家，1 位儿科医生，1 位家庭主妇，1 位画家，1 位心理学专业毕业生。从性别上看，有 5 位男性和 3 位女性。

实验的第一个目的，是让实验对象在 5 个地区的 12 所医院办理入院手续。为让实验结果具有更大的普遍性，选择的医院类型各异，既有新医院，也有老医院；既有侧重研究的医院，也有侧重治疗的医院；既有人员配备薄弱的医院，也有人才济济的医院；既有私立医院，也有联邦政府的公立医院，以及大学医院。罗森汉让这 8 个实验对象［他把这 8 个人都称为“匿名病人（Pseudo-patients）”］与医院联系预约事宜。他们被带到医院办公室后，都异口同声地向医生们抱怨，说自己的脑子里听到了一个陌生的声音，是与自己性别相同的声音。

匿名病人顺利地住进精神病医院后，不再假装有任何反常的行为。他们与医护人员及病人随意交谈，就像平时的闲聊一样，被问到感觉如何，他们告诉医护人员，他们的感觉很好，没有出现任何症状。他们还被告知，可以说服医护人员批准他们出院，让医护人员相信自己其实是正常人（但不要透露这是一次实验）。他们完全可以这样做。在医院里，这些匿名病人记录了自己观察和体验的结果。为了比较实验结果，罗森汉让一个学生向斯坦福大学卫生中心（Stanford's Health Center）的医生提出了一系列问题。这些问题的答案（医生知道答案会被记录在案）随后会和其他医护人员的答案进行比较。

匿名病人的调查结果

匿名病人平均的住院天数是 19 天，有一些匿名病人的住院天数只有 7 天，还有一些匿名病人的住院天数长达 52 天。除一个匿名病人外，其余的匿名病人都被诊断为精神分裂症，必须住院治疗，他们的住院记录上都有“精神分裂症症状缓解（Schizophrenia in Remission）”的字样。即便匿名病人没有明显的精神分裂症症状，他们依然被诊断患了精神分裂症。

医院里的其他病人慢慢对匿名病人产生了怀疑，认为他们是潜入医院刺探内幕消息的新闻记者，医院的医护人员则把匿名病人的正常行为也看作心理疾病的表现。3 个匿名病人各自的护理记录表明，匿名病人的记录行为恰好说明了他们的行为是病态的。罗森汉的结论是，正常状态与不正常状态有很多相似之处，人的情绪和感情也是如此，不过，很多人都发现，日常生活里正常的体验和情绪，如果发生在精神病院里，也会被视为病态。

在实验对象里，没人认为住在精神病医院里是一种享受；相反，他们觉得医院剥夺了病人的许多基本人权，让他们感到无助，并且丧失了自我感。病人不能随便走动，很多厕所都没有门，医护人员的态度也很粗鲁。

医院给匿名病人分发了大约 2100 粒药品，但是只有两粒药品被他们服用。绝大部分药品被扔进了马桶，此外，匿名病人在厕所里还发现了其他病人扔掉的药品。罗森汉的结论是，只要病人的行为被认为是愿意和医院合作的举动，他们做什么就不会被关注。

实验的第二部分

完成了实验的第一部分后，罗森汉拜访了一所研究性医院，这所医院早就知道他对匿名病人作做实验。他仍然瞒着医院里的医护人员，告诉他们在以后的 3 个月里，另外一些匿名病人也要住进他们医院。医院的职工被告知，他们要根据一份由 10 个等级构成的评分表，给所有的新病人打分，确定哪些病人是参加实验的匿名病人。

在 3 个月的时间里，一共有 193 名真正的病人经过测试。按照医院一位工作人员的打分，有 41 位病人被确认为匿名病人；按照一位精神病学家的打分，有 23 位病人被确认为匿名病人；按照医院一位工作人员和一位精神病学家的联合打分，有 19 位病人被确认为匿名病人。

在罗森汉看来，实验的第二部分已经证明，精神病学家无法有效区分精神正常的人和精神失常的人。实验的第一部分证明了精神学家无法确认精神正常的人，而实验的第二部分证明了精神病学家无法确认精神不正常的人。罗森汉通过实验，描述了这个现象：一旦被贴上了精神病的标签，人们就会按照这个标签去诠释病人所做的任何事情。罗森汉提出的看法是，医院的工作人员和精神病学家不应当给人们贴上精神不正常的标签，而是要关注人的行为和面对的具体问题。

对罗森汉实验的评价

罗森汉实验证明了精神病诊断的局限性，揭示了当时美国精神病医院的糟糕状况；不过，由于这项实验自始至终都欺骗了医院的职工，他的研究工作被认为有悖于道德规范。尽管如此，在心理疾病的治疗方面，罗森汉的研究成果确实改变了很多精神病医院的施治理念。

在实施罗森汉实验的那个年代，用来诊断精神病的是《精神疾病诊断与统计手册》第二版。到 20 世纪 80 年代，这部手册的第三版问世了，这个版本涉及精神病诊断中标准的模糊性以及是否可靠的问题。很多人认为，如果采用该手册的第三版，罗森汉或许就会得到不同的研究结果。今天我们使用的是这部手册的第四版。

大卫·库伯的学习风格理论

体验式学习

1984 年，哲学教授大卫·库伯（David Kolb）开创了一种新的学习风格模式，以及一种新的学习理论。库伯的学习理论由两个部分组成：4 个形态各异的阶段所构成的学习圈，以及 4 种特点鲜明的学习风格。

库伯对学习的定义是：习得抽象概念之后，有能力将其运用到各种环境中；通过新的体验激发出新的概念。

库伯的四阶段学习圈

库伯的学习理论提出了 4 个阶段的“学习圈（Learning Cycle）”。人在学习的时候，都要经历这 4 个阶段。

1. 具体经验（Concrete Experience）：面临着新的经历，或者重新解释之前的经历。

2. 反思性观察（Reflective Observation）：这是对新经历的观察。尤其是关注理解与经历之间的差异。

3. 抽象概念化（Abstract Conceptualization）：经过反思而

产生新的思想，或者对已经存在的抽象概念做出修正。

4. **主动实践（Active Experimentation）**：将新的思想运用于现实世界，并且观察最终的结果。

库伯的实验性学习风格

根据上述4个阶段，库伯提炼出4种不同的学习风格。在库伯看来，不同的人会偏爱不同的学习风格，偏爱习惯受很多因素的影响，包括教育经历、认知结构、社会环境。无论受哪些因素的影响，人们偏爱哪种学习风格，都是两项选择的结果。库伯把这两项选择或者说变量，表述为一个坐标。在纵轴的两端，是两种相互对立的模式：感觉（即具体的体验，或者CE）与思维（抽象概念化，或者AC），在横轴的两端，也是两种相互对立的模式：行动（主动实践，或者AE）与观察（反思性观察，或者RO）。

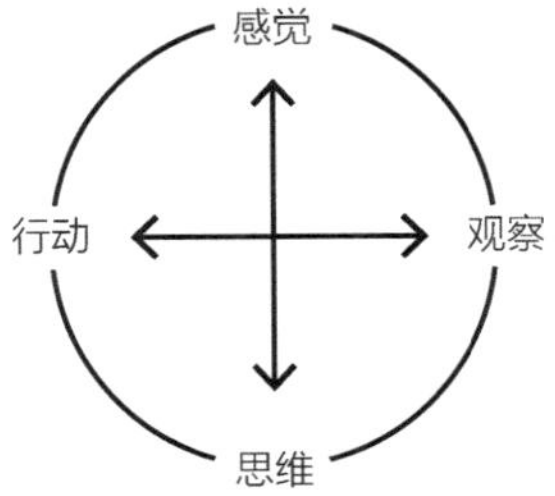

学习风格的轴线相交

横轴被称作“处理连续体（Processing Continuum）”，它表示人们如何应对某个特定的任务。纵轴被称作“感知连续体（Perception Continuum）”，它处理人的情绪反应。根据库伯的理论，人是不能同时经历同一个轴上的两个变量的。

根据纵横轴上的信息，库伯确认了 4 种学习风格。具体选用哪种学习风格，这取决于人属于哪个连续体，这 4 个连续体是容纳、发散、聚集、相似。每个人的学习风格都各不相同，有人会偏爱喜欢一种或者几种学习风格。为了更好地理解不同学习风格的功效，请看以下图表：

	主动实践（AE）	**反思性观察（RO）**
具体经验（CE）	容纳（CE/AE）	发散（CE/RO）
抽象概念化（AC）	聚集（AC/AE）	相似（AC/RO）

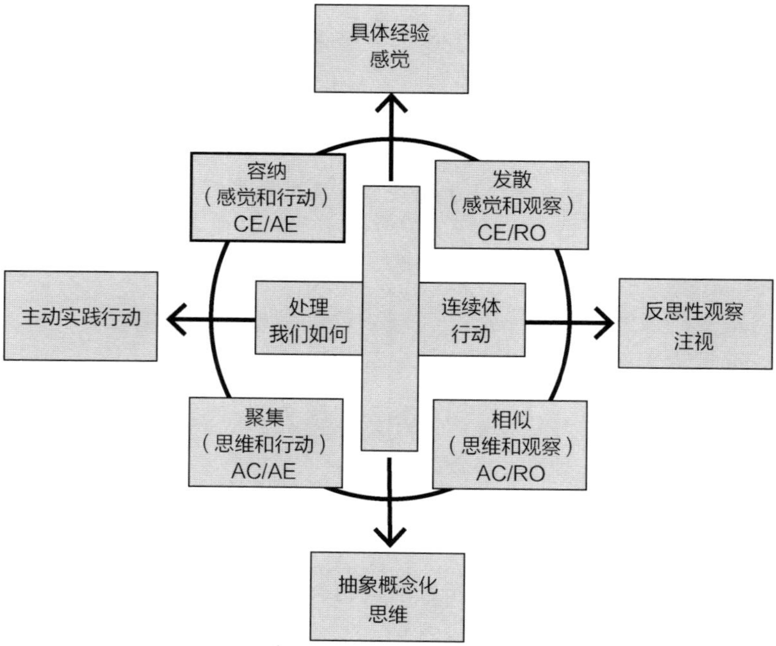

了解更多细节，请见库伯的理论表述

容纳（CE/AE）：感觉与行动

这种学习风格的基础是直觉，而不是逻辑。采用这种学习风格的人，通常倾听自己内心的“直觉（Gut Instinct）”。采用容纳学习风格的人，通常会通过与别人交流而取得信息，然后再由自己对信息做出分析。这部分人会乐于看到计划的实施，愿意尝试新的环境，勇于迎接新的挑战。

发散（CE/RO）：感觉与观察

采用发散学习风格的人，更偏爱观察，而不是行动；他们在解决问题时，首先搜集信息，然后运用想象力。因为这个原因，他们可以从不同的角度去观察周围环境，在需要产生新思想的环境里，他们可以迅速地做出调整。他们通常感觉灵敏，感情丰富，艺术感很强，乐于和别人合作，能够及时获得反馈，消息灵通，能以开放的心态倾听别人的意见。

聚集（AC/AE）：思维与行动

采用聚集学习风格的人，具有很强的技术天赋，他们不擅长人际关系，却善于解决具体的技术问题。这部分人最擅长解决具体的问题，懂得如何寻找问题的答案，从而作出决定。因此，这部分人愿意做实验和从事模拟性质的工作，愿意在现实生活里从事应用性的工作。

相似（AC/RO）：思维与观察

相似学习风格强调用逻辑的方法来思考抽象的思想与概念，不过多地关注人和具体的应用问题。采用相似学习风格的人能够理解很多领域的信息，能够把大量的信息纳入一个逻辑框架内。

由于这个原因，相似学习风格最适用于科学研究领域。采用相似学习风格的人偏爱对环境的深入思考，审视分析模式的利弊。

深刻理解自己及别人的学习风格，具有十分重要的作用，在现实世界里也有实际的功效。理解了自己的学习风格，就能以有效的方式与别人沟通信息，了解自己在哪方面还需要改进。

焦虑症

并不全是神经的问题

焦虑和压力是每个人都经历过的，焦虑症是一种严重的心理疾病，它会造成巨大的苦恼，产生严重的后果，患者无法有正常而健康的生活。有 6 种类型的焦虑症，具体如下。

恐慌症

患了恐慌症，患者会有强烈的恐慌感，恐慌感通常在毫无征兆和预警的情况下突然产生。恐慌症的症状如下。

◎ 大量出汗

◎ 胸痛

◎ 浑身颤抖

◎ 呼吸急促，感觉窒息

◎ 身体忽冷忽热

◎ 感觉心慌

◎ 感觉头晕，头昏眼花，或者晕头转向

◎ 又酸又麻的感觉

◎ 胃痉挛，或者消化不良，比如呕吐

◎ 对死亡和失控有不可名状的恐惧

症状通常在发作后的十分钟内达到顶点，有时候会延续更长的时间。很多患者在症状消失几个小时后，仍然会感到焦虑。

广场恐怖症与恐慌症的关系

一种流传很广的错误观念认为，广场恐怖症是指面对空旷场所时的恐惧心理。这个观念是错误的。广场恐怖症的意思是：患者担心身处某个场所或者环境（比如，空旷场所）会出现恐慌情绪，并且担心恐慌情绪会让他们极度尴尬。因为担心恐慌情绪会再次出现，患者不愿意再去那些场所，也不愿意再去参加那些活动，这成了一种思维定式。广场恐怖症通常是恐慌症发作的结果，不过在有的情况下，一些广场恐怖症患者却没有恐慌症的症状。1/3的恐慌症患者也有广场恐怖症的症状。

强迫症

这是一种最常见的焦虑症。患者有持续性的强迫意念，这是一些令人烦恼的思维和想法，患者讨厌它们，却无力去除它们，由此而产生了焦躁的情绪。患者希望用某种仪式化的行为缓解这种情绪，然而，这些仪式逐渐成为强制性的行为，导致患者不断地重复这些行为。强制性行为非常复杂，会在很大程度上搅乱日常的生活。在大部分情况下，强制性行为与强迫性意念有着直接的关联，就像有人每隔十分钟就要洗一次手，因为他们觉得双手被污染了，不过，并非所有的强制性行为都与强迫性意念有直接关联。

强迫症患者通常也意识到，他们的行为是不合乎理性的，他们常常因此而沮丧和困惑。任何年龄的人都可能患强迫症，不过，有两个年龄段的人更容易出现强迫症的症状：青春期前的儿童，也就是早期强迫症；处于晚年的老人，也就是晚期强迫症。强迫症有 5 种类型，具体如下。

1. **感觉被污染的强迫性意念，以及有关清洁或洗涤的强制性行为**。患者有强烈的不洁之感，由此而极不舒服。为减轻这种感觉，患者会不停地洗手，有时候会长达几个小时。

2. **感觉受到了伤害或者伤害了别人的强迫性意念，以及不断检查的强制性行为**。这类强迫症的症状是，患者认为（强迫性地）自己的房子会被烧毁。因此不停地检查壁炉、烤箱和火炉，不停地检查电灯是否关闭，甚至还经常地中途开车回家，检查自己的房子是否被烧毁。

3. **纯粹的强迫性意念**。这种强迫症没有任何可见的强制性行为。相反，这类强迫行为经常具有宗教、做爱和攻击的性质。比如，患者通常会有一种强迫性观念，即他们是杀人犯，一定会杀人。为了缓解精神压力，患者经常会利用不同的心理仪式。比如，他们会在头脑里默默地计数、祈祷或者背诵固定的词语。

4. **有关对称关系的强迫性意念，以及计数、整理和排序的强制性行为**。有这种症状的患者会急迫地整理和布置物体，直至他们认为的完美程度。这类患者还会不断地反复背诵某些单词或者句子，直到任务圆满地完成。在某些情况下，这种强制性行为包含着这样的想法：如果把事情做好了，就能避免可能发生的危险。比如，一位妇女以固定的方式整理书桌，认为如果把书桌整理干净了，她的丈夫就不会遭遇车祸。

5. **囤积**。喜欢收集价值很低甚至根本没有价值的东西，却从不清理。囤积行为到了非常严重的程度，囤积的东西堆积如山，患者很难在自己的居所里正常生活。患者囤积东西的强制性行为，通常基于这种强迫性意念：他们认为囤积的东西总有一天会有用的。即便没患强迫症，人也会有囤积东西的强制性行为。

创伤后应激障碍症

这种焦虑症发生在患者经历或者目睹创伤之后。他们在这个过程中感到，自己或者身边的人即将受到伤害或者即将被杀戮。创伤发生后，患者的脑子里会闪现当时的情景：恐怖的梦境，侵害者的形象，事发现场的想法，都会在脑子里出现。患者会回避任何让他们联想到创伤的环境，一旦看到让他们联想起创伤的因素，他们的感情就会遭受极大的痛苦。此外，患者的行为也会因此而改变，他们会限制自己的活动范围，害怕表达自己的全部感情，会对未来失去希望。

社交焦虑症

这是一种最常见的焦虑症。在一段时间里，有这种焦虑症的人占全球总人口的13%。患者经常担心别人会不接受自己。他们毫无理由地担心，别人会看不起自己，担心自己遭遇尴尬并受到羞辱。社交焦虑症不同于害羞心理，社交焦虑症的持续性和严重性远远超过害羞心理。社交焦虑症的症状，既有身体方面的症状，也有情绪方面的症状。具体的症状有：身体颤抖、大量出汗、心脏剧烈跳动、陌生场合里高度神经质、极度担心别人的评价、担心受辱而焦虑、担心别人看出自己的焦虑情绪、担心和害怕预定的任务等。

特定恐怖症

这种焦虑症的患者对特定物体和环境有着强烈而非理性的恐惧。有四种主要的特定恐怖症，很多患者有同一类型下的多种恐怖症，也有一些患者有多个类型的恐怖症。这四种特定恐怖症的类型是：情景恐怖症、药物恐怖症、自然环境恐怖症、与动物相关的恐怖症。

不论哪一种类型的恐怖症，如果患有特定恐怖症，患者都会表现出相似的症状。这些症状如下。

◎ 遇到让患者害怕的东西时，他们会感到强烈的恐怖、痛苦与害怕的情绪。

◎ 出现与恐慌症相似的症状，包括呼吸急促、大量出汗、头晕目眩、身体麻木。

◎ 患者会想尽办法躲避他们害怕的东西，以至于严重影响着他们的日常生活和生活习惯。

◎ 患者会强制性地想到另一个场景，担心在那里也会遇到让他们害怕的东西，并且在脑子想象出一个场景，在那里会遇到无法避免的东西。

广泛性焦虑症

这是最常见的焦虑症，患者在毫无根据的情况下，对一件事情或者一个东西有持续性的恐惧和紧张情绪。担忧的对象似乎经常变化，症状也随之变化，但是，这种焦虑症有共同的症状，具体表现为：感觉敏感、身心疲乏、注意力不集中、焦躁不安、睡眠障碍等。其他的身体症状包括：呕吐、腹泻、头疼、肌肉紧张，尤其是颈部、肩膀和后背。

玛丽·安斯沃斯*和陌生情境实验

用不同的方法测试依恋情绪

心理学家约翰·鲍比（John Bowlby）认为，论及依恋情绪时，儿童会非常依赖一些人，同时又完全拒绝另一些人。心理学家玛丽·安斯沃斯（Mary Ainsworth）对这个问题有不同的看法，在她看来，依恋的程度因人而异，差别是很明显的。

1—2 岁的婴儿和成年人不同，他们不懂得如何表达依恋情绪，为此，安斯沃斯在 1970 年设计了一套相关的评估技巧体系，也就是"陌生情景分类表"（Strange Situation Classification，简称 SSC），用来测试不同的人在依恋程度上的差异。

有关陌生环境的实验

安斯沃斯以 100 个左右的中产阶级家庭作为研究对象，这些家庭的婴儿年龄为 12—18 个月。在这个实验的过程里，安斯沃斯

---

* 玛丽·安斯沃斯（Mary Ainsworth, 1913—1999）：美国心理学家，依恋领域的先驱。1989 年获美国心理学会颁发的杰出科学贡献奖。——编者注

找了一个小房间，房间里有一面单向镜，便于从房间外面观察婴儿的行为。实验分为7个阶段，也被称为7个“插曲（Episodes）”，每个插曲的时间长度是3分钟。每个插曲要测试婴儿的一个特定行为。实验者每隔15分钟记录观察的结果，然后给婴儿的依恋程度打分，分数是1分到7分不等。

实验 | 实施实验

1. 在实验的第一阶段，母亲和婴儿待在小房间里消磨时间，便于婴儿逐步熟悉这个新环境。
2. 婴儿适应了新环境之后，一个陌生人走进了房间，与母婴共处。
3. 这时候，母亲很快地离开了房间，让婴儿单独与陌生人待在一起。
4. 母亲回到了房间，陌生人离开了房间。
5. 母亲也离开了房间，婴儿独自待在房间里。
6. 陌生人又回到了房间。
7. 母亲也再次回到了房间，陌生人又离开了房间。

安斯沃斯按照1—7分的评分表，把以上行为归纳为4种类型，并且记录了每种类型的情绪强度。这4种类型的行为是：分离后的焦虑（母亲离开后，婴儿感到不安）、婴儿急于求索的行为、面对陌生人时的焦虑（陌生人在场的情况下，婴儿的反应）、重逢的行为（母亲再次回到房间后婴儿的行为）。通过这个实验，安斯沃斯确认出婴儿的3种依恋的类型：安全型依恋、回避型依恋、反抗型依恋。

安全型依恋

安全型依恋的婴儿觉得，他们的母亲或者说依恋的对象（AF），随时都可以满足自己的要求。遇到麻烦或者感到苦恼的时候，婴儿会去寻找母亲，而且，婴儿会把母亲作为安全基地，以此作为基点去探索周围的环境。安斯沃斯发现，在她所研究的儿童里，大部分儿童都属于安全型依赖。安全型依恋的婴儿如果感到不安，母亲很容易让他们平静下来。如果母亲感知到婴儿发出的信号，并且以恰当的方式满足了他们的要求，婴儿就会对母亲产生安全依恋关系。安斯沃斯发现，70% 的婴儿都属于安全型依赖恋，他们都有以下行为。

◎ **分离后的焦虑方面：**母亲离开了房间，婴儿就会感到忧虑。

◎ **求索周围环境方面：**安斯沃斯的结论是，婴儿把母亲视为安全基地。

◎ **面对陌生人时的焦虑方面：**如果母亲在房间里，婴儿不会介意陌生人。如果母亲不在房间里，婴儿会躲避陌生人。

◎ **在重逢的行为方面：**母亲再次回到了房间，婴儿就会快乐起来，也会更加活跃。

回避型依恋

回避型依恋婴儿有更强的独立性，在求索周围环境的时候，不需要母亲在场。这类婴儿的独立性既表现在身体方面，也表现在情绪方面；面临压力的时候，他们不会寻找母亲的帮助。母亲的反应也迟钝，婴儿遇到困难的时候，母亲不会提供帮助，并且拒绝婴儿的要求；婴儿感到担忧时，母亲也不会随时提供帮助。安斯沃斯发现，有 15% 的婴儿属于回避型依恋特征，具体的表现如下。

◎ **分离后的焦虑方面：** 母亲离开房间之后，婴儿没有任何担忧的迹象。

◎ **面对陌生人时的焦虑方面：** 陌生人在房间里而且举止正常，婴儿对此不会介意。

◎ **重逢的行为方面：** 母亲再次回到了房间，婴儿对此几乎没有任何表示。

◎ 安斯沃斯发现，母亲和陌生人可以同样地安抚婴儿。

反抗型依恋

反抗型依恋的意思是，婴儿不愿意接近母亲，或者犹豫是否要接近母亲。母亲试图接近婴儿并与之互动时，反抗型依恋的婴儿会表示拒绝。不过，在其他的时间里，婴儿还是会跟随和依恋于母亲。这种类型的婴儿在母亲那里得不到安全感，因此，他们很难离开母亲，去探索周围的环境。如果这类婴儿感到焦躁不安或者极度担忧，母亲的在场和安抚也不会让婴儿安静下来。安斯沃斯发现，有 15% 的婴儿属于反抗型依恋。

◎ **分离后的焦虑方面：**母亲离开了房间，婴儿显得极度担忧。

◎ **面临陌生人时的焦虑方面：**婴儿会害怕陌生人，并且躲避与陌生人接触。

◎ **重逢的行为方面：**母亲再次回到房间，婴儿会靠近她，但是没有身体接触，有时甚至会把母亲推开。

◎ **安斯沃斯发现：**如果与安全型依恋和反抗型依恋的婴儿相比，这种类型的婴儿求索精神很弱，会长时间哭泣。

以后的实验又重现了安斯沃斯陌生环境实验的场景，进一步验证了安斯沃斯的实验结论，在测试依恋情绪的方面，上述结论得到了普遍的承认。不过，安斯沃斯的结论也遭到了批评，她的实验仅仅涉及母亲与婴儿之间的依恋关系。婴儿与父亲、祖母、祖父以及其他监护人之间，可能会有截然不同的依恋关系。相关的研究已经证明，根据不同的场景，在不同的时间里，儿童会表现出不同的依恋行为。

心境障碍

感情用事的时候

心境障碍的意思是，患者的情绪出现了极端的混乱现象，严重影响了他们的思维过程、人际关系以及自身行为。这种症状是间发性的，来得很快，去得也快。有两种主要的心境障碍，它们又可细分为几种次要的类型。两种主要的心境障碍是：抑郁症（Depressive Disorder）和双相障碍（Bipolar Disorder，简称 BD）。

抑郁症

患者至少遭遇过一次重度抑郁现象，才会被诊断为重度抑郁症。重度抑郁的症状通常会持续两个星期，甚至更长的时间，患者如果没有出现以下全部症状，至少也会出现部分症状。

◎ 极其沉重并且持续的悲伤及易怒情绪。

◎ 感觉自己有罪或者毫无价值。

◎ 做任何事情都没有兴趣，即便是过去喜欢的事情，缺乏社交的兴趣。

◎ 无精打采。

◎ 不能集中精力，也不能作决定。

◎ 饮食习惯发生变化，或者没有胃口，或者吃得太多。

◎ 睡眠习惯发生变化，或者无法入睡，或者睡得太多。

◎ 周期性产生自杀或者死亡的念头。

有意思的是，极度抑郁的患者通常不会自杀，因为重度抑郁症发作的时候，患者过于冷漠，以至于没有动力去制订自杀的计划并付诸实施。进入恢复期之后，患者恢复了精力，自杀行为反而增多了。与男性相比，女性更容易患重度抑郁症。试图自杀的女性多于男性，但是，最终自杀成功的男性却多于女性。除了重度抑郁的现象，还有其他类型的抑郁现象，它们都有以下的症状。

心境恶劣障碍

如果患者的重度抑郁症状至少持续了两年，那么他们就是心境恶劣障碍症的患者。需要注意的是，这类患者不是一直都有抑郁的症状，有时候，他们会感觉自己是完全正常的。

季节性情感障碍

这类疾病也被形象地简称为SAD。季节性感情障碍指的是，只是在一年的特定时间里，患者才有抑郁的症状。大部分这类患者是在冬天出现症状的。

精神抑郁症

这类患者有出现重度抑郁症的症状，还伴有幻觉与错觉的现象。

产后抑郁症

女性生育后出现的抑郁现象，就是产后抑郁症。这类疾病的发病原因有：荷尔蒙程度的改变、睡眠不足、身体变化、女性社交和工作关系的改变。

非典型抑郁症

这类抑郁症患者有重度抑郁症的很多特征，不过，症状的严重程度还不足以构成重度抑郁症。非典型抑郁症的症状通常包括：体重增加、胃口大增、过度睡眠、持续疲劳，对所有的拒绝都过于敏感。

紧张型抑郁症

这是一种非常罕见的抑郁症。这类患者在一段较长的时间里变得毫无感情，或者有暴力行为，举止古怪。患者有时候会决定不说话，或者模仿别人的说话方式或行为方式。

忧郁型抑郁症

这类抑郁症的特征，是对很多事情（也可能是全部事情）都失去了兴趣，也找不到快乐。患者发现，即便面对好事，他们也很难有积极的反应。这类抑郁症的症状通常在早晨更加严重，有凌晨即醒的现象，也就是说，在没有外在因素叫醒的情况下，患者会至少提前两个小时醒来。这类患者有强烈的悲伤情绪，显然他们也感觉到自己的行为古怪。

双向障碍

躁郁症，也被称作狂躁症疾病，其患者的情绪在抑郁和狂躁之间剧烈地摇摆。躁郁症的症状如下。

- ◎ 过分敏感
- ◎ 精力极其旺盛
- ◎ 高度亢奋
- ◎ 感觉狂妄，过度自尊
- ◎ 焦躁不安
- ◎ 语速极快
- ◎ 无须较多睡眠，甚至不必睡眠
- ◎ 有兴趣参加能带来快乐的活动，即便会产生有害的结果
- ◎ 处于冲动状态
- ◎ 可能有偏执狂、错觉和幻觉的症状

双相障碍有几种类型，它们包括：

双相障碍 I 型

双向障碍 I 型患者发病的时候，狂躁行为和焦虑情绪会至少持续 7 天，一些患者的狂躁行为非常强烈，需要住院治疗。他们患病之后，通常伴有焦虑的症状，症状可能持续两周甚至更长的时间。

双向障碍 II 型

这是一种比较轻微的双向障碍，症状较轻，发作的时间较短，程度也不严重。

未明确的其他双向障碍

这类患者有双向障碍的症状，这些症状足以表明，患者显然偏离了正常的行为模式，但是还没有达到双向障碍 I 型和双向障碍 II 型的标准。这类双向障碍的症状可能只持续很短的时间，患者出现的症状数量也可能很少。

循环性精神病

这是一种不严重的双向障碍。循环性精神病的症状与双向障碍 I 型相同，不过，这类患者没有完全的狂躁行为，也没有重度抑郁的现象。要确诊循环型精神病，患者至少持续两年出现这些症状。

利维·维谷斯基（1896—1934）

社会互动的重要性

利维·维谷斯基（Lev Vygotsky）1896 年 11 月 17 日出生于俄罗斯一个名叫奥尔沙（Orsha）的地方。维谷斯基 1917 年从莫斯科大学毕业，获得法律专业的学位。不过，他对心理学有浓厚兴趣，1924 年他进入莫斯科的心理学研究所工作。

维谷斯基对教育和儿童发展问题的研究卓有成效，他有关认知发展问题的研究成果，至今仍有很大的影响力。维谷斯基认为，社会交流在认知发展的过程里发挥着重要的作用，透过社会及社区的这面棱镜，就可以从事物中获得认知。维谷斯基与弗洛伊德、斯金纳、皮亚杰和巴甫洛夫都是同时代人，不过，当时的执政党对维谷斯基的研究成果持批评态度，因此，他的大部分著述没有进入西方世界的视野，直到 1962 年冷战的紧张局面开始缓解，这种情况才有所改观。

1934 年 6 月 11 日，维谷斯基因患肺结核病去世，年仅 38 岁。在作为心理学家的十年里，维谷斯基出版了 6 部著作。他的几部最重要的著作都以社会发展理论为研究课题，包括他提出的“最近发展区（Zone of Proximal Development）”的概念，以及他的语言学研究成果。

维谷斯基的社会发展理论

受到皮亚杰理论的很大影响，维谷斯基认为，人类心智的发展源于人与社会的互动过程。他的理论假设是：源于文化的一些交流工具，比如口头表达和写作能力，是为了方便人们与社会环境的交流。在维谷斯基看来，儿童需要首先掌握这些交流的工具，便于他们与别人沟通，获得他们想要的东西。如果这些工具成为思维机制的一部分，就能形成高级的思维技能。

维谷斯基十分强调儿童的社会交流过程，认为儿童是以持续而渐进的方式向家长和老师学习的，不过，这个学习过程依照不同的文化环境而出现差异。另外，维谷斯基还认为，不仅社会影响着人，人也会影响社会。维谷斯基的社会发展理论可以分为 3 个重要的主题。

第一，社会发展在认知过程中发挥着关键作用。皮亚杰认为，认知发展先于学习过程。维谷斯基的观点恰好相反，他认为社会学习先于认知发展过程。在他看来，儿童首先在人际交流层面获得认知发展，也就是心理之间的认知发展，然后才会在个人及个性化层面吸取信息，也就是心理内部的认知发展。

第二，维谷斯基认为，有些人的理解力高于学习者，他把这些人称为“更有知识的他人”（More Knowledgeable Other，简称 MKO）。理论上，MKO 可以是任何人，可以是自己的同事，比自己年轻的人，甚至可以是计算机；不过，在大部分情况下，MKO

通常是教师、成年人或者教练。

第三，维谷斯基社会发展理论的最后一个重要主题，是有关“最近发展区”（简称 ZPD）的概念。按照维谷斯基的观点，在别人指导下从事学习的能力，与能够独自解决问题的能力对比，这两种能力之间是有距离的。学习的行为正是在这个“区域内（Zone）”才发生的。

维谷斯基有关语言作用的观点

维谷斯基认为，在认知的发展过程中，语言有两个重要的作用。语言是成年人向儿童传递信息的主要方法，通过语言的中介作用，外部的经验可以转化为内在的思维过程。因此，进行思维活动的时候，语言是一种强有力的工具。按照维谷斯基的观点，语言是在社会交流的过程里产生的，目的是和别人相互沟通。不过，语言沟通之后就成为一种“内心的言语（Inner Speech）”，也就是人的思想。从这个意义上可以说，语言创造了思想。

维谷斯基的影响

当代有一种“交互式教学（Reciprocal Teaching）”的教学方法，这种方法的核心就是维谷斯基的理论。这种教学方法的特点，是培养学生从文本里获取和掌握信息的能力。

运用交互式教学方法，教师不只是简单地给学生授课，而是要在学习与练习的过程中，让学生和教师共同参与教学过程，一起学会掌握重要的学习环节。比如如何总结归纳、如何提出问题、如何清晰地表述问题、如何共同进行预测。随着时间的推移，教师的作用会越来越不重要。这种教学方法不仅可以激励学生积极参与学习的过程，还可以把学生与教师的关系转化为一种相互交流的关系，随着教师角色的转变，教师同样需要学生的帮助，才能推进教学的进程。交互式教学方法是一个具体的实例，但也足以说明维谷斯基理论的重要作用。维谷斯基对心理发展过程和教育心理学的贡献，他提出的相关领域的思想，是具有突破性意义的。他的研究工作直到 1962 年才被西方社会知晓。今天，他的学术影响仍然在持续。

躯体形式障碍

感到疼痛，却不知道原因

躯体形式障碍是一种心理疾病，患者身体出现了真实的症状，却查不出任何疾病。要确诊为躯体形式障碍，患者必须符合以下条件。

◎ 症状不是由其他疾病或服用药物造成的，也不是由其他心理疾病造成的。

◎ 诊断出病人没有装病（有时候病人会假装某些症状，以便获得外部的利益，这种利益通常是金钱），也不是人为的疾病（有时候病人会表现某些症状，希望内心得到抚慰，比如，希望得到别人的同情）。

◎ 症状严重地损害了患者的职业生涯、社交活动和日常生活。

有 7 种类型的躯体形式障碍，具体如下。

躯体化障碍（也称作布里奎特综合征）

躯体化障碍通常发生在 30 岁之前，女性患者多于男性患者。

躯体化障碍的症状包括：身体上至少有 4 个区域出现不适、生殖系统出现不适（比如勃起功能障碍、性冷淡等）、肠胃系统出现不适（包括腹泻、呕吐）以及神经系统出现不适（比如失明和晕厥）。

未分化躯体形式障碍

这类躯体形式障碍的意思是，患者只有躯体形式障碍的一种症状，而且至少在 6 个月内都有这种症状。

转换性障碍

患者通常是在经受了压力或者创伤之后，出现了转换性障碍，其症状会影响随意运动功能和感知功能。这类障碍的常见症状包括：瘫痪、身体麻木、失明、失语。比如，男子骑马时摔了下来，他会感到自己的一条腿瘫痪了，实际上这条腿却完好无损。很多人认为，转化性障碍的症状表明，患者是希望以此化解内心的焦虑情绪。

疼痛障碍

这类障碍的患者遭遇持续而严重的疼痛，这种疼痛感可能持续几个月之久。疼痛障碍与装病的区别是，装病的人假装有疼痛的感觉，而疼痛障碍的患者确实感到大面积的疼痛，而且患者的日常生活也受到了严重的影响。

疑病症

疑病症，也叫臆想症，是指患者臆想自己有非常严重的疾病。由于错误地理解了症状，患者认为自己的症状比真实的状况严重得多。即便医生做过检查并且有了诊断结果，患者仍然坚持自己的臆想，或者只是暂时消除了臆想，很快又恢复原状。与装病的人不同，这类患者没有假装出现各种症状。相反，他们无法控制自己的感觉，坚信所有症状都说明自己有严重的疾病。如果在长达 6 个月的时间里，患者持续出现这种行为，而症状又无法用其他原因解释，比如疼痛障碍、强迫症或者焦虑症，就可以诊断是疑病症。

躯体畸形障碍

这类障碍的患者过度关注身体的畸形部分或者缺陷部分，这些畸形或者缺陷部分可能存在，也可能不存在。这类障碍的患者极度在意身体上极其微小甚至完全不存在的瑕疵，这种强制性的行为对患者的人际关系、职业生涯乃至日常生活都会造成严重的后果。躯体畸形障碍的实例之一，是一位妇女因为手上有个很小的疤痕，就一直戴着手套。她非常介意并且过度地关注这种细小的事情。要确诊躯体畸形障碍，诊断的标准是看这些症状能否归入其他类型的躯体化障碍，如果无法归入，就可以确诊为躯体畸形障碍。比如，如果患者比较关注自己的体重，这通常是饮食障碍症的症状，而不是躯体畸形障碍。

非特定躯体形式障碍（NOS）

如果患者出现躯体形式障碍的症状，却不符合各类躯体形式障碍的认定标准，这就是非特定躯体形式障碍。

躯体形式障碍的形成原因

研究人员认为，在躯体形式障碍的发展过程中，认知因素和性格因素具有重要的作用。

认知因素

研究人员认为，认知因素对躯体形式障碍的形成有以下作用。

◎ 对健康问题持错误的看法，认为健康的人永远不会生病，甚至不会出现任何症状。

◎ 过度关注身体的感觉。

◎ 出现的症状很轻微，得出的结论却过于严重。

性格因素

很多人认为，性格张扬的人更有可能患躯体形式障碍。他们行事夸张，希望吸引别人的关注；行为非常情绪化和戏剧化；容易接受别人的暗示；常常以自我为中心。这些性格因素叠加起来，会增加躯体形式障碍的患病可能性。

虚假共识效应与虚假独特效应

我做的事情，你也会做……对吗?

虚假共识效应指的是：人会习惯性地认为，自己信奉的观点和信仰也一定是别人所信奉的。与此类似，虚假独特效应的意思便是认为自己具备的能力和性格优点，别人都不具备。虚假共识效应和虚假独特效应都是心智在作判断时出现的偏差，出现这些偏差的原因是大脑希望以更快的速度处理信息。

李·罗斯的虚假共识效应实验

几乎没有实验证据可以证明虚假共识效应是确实存在的，但是有关虚假独特效应的研究工作，却取得了实质性的进展。1977年，斯坦福大学的教授李·罗斯（Lee Ross）实施了一系列实验，以调查虚假共识效应是如何发挥作用的。

罗斯的第一个实验

在第一个实验里，罗斯让一组实验对象阅读相关材料，了解涉及某种冲突的特定场景。然后，告诉他们应对特定场景的两种方式，并请他们做以下 3 件事情。

◎ 猜一下同组的其他人会做什么选择。

◎ 说出自己的选择。

◎ 针对做第一种选择和第二种选择的人，分别描述他们的性格和特点。

实验结果证明，大部分实验对象都认为，不论自己做了什么选择，其他人也会做出同样的选择。罗斯希望以这种方式验证虚假共识效应的存在。

有意思的是，实验对象对第三件事情的反应是他们认为那些做了不同选择的人，其素质和性格是非常极端的。简单地说，实验对象的态度就是："如果不同意我的选择，那你们肯定就错了。"

罗斯的第二个实验

在罗斯的第二次实验里，罗斯询问另一组实验对象，是否愿意在身上挂着"请到乔的饭店用餐（Eat at Joe's）"的夹板广告牌，在大学校园里走 30 分钟。罗斯告诉他们，作为奖励，他们在实验结束后会学到很多有用的本领。他还告诉实验对象，如果他们愿意，可以随时退出。最后，罗斯要求这一组实验对象做与第一个实验相同的 3 件事情。

在参加实验的人里，有 62% 的人认为，别人也会身上挂着广告牌在校园里行走；在不愿意挂广告牌的人里，只有 33% 的人认为别人也会同意挂广告牌。罗斯的第二个实验验证了第一个实验得出的结论。与第一个实验非常相似的是，实验对象在评判那些做了不同选择的人时，也认为他们的素质和性格是非常极端的。

罗斯实验的影响

李·罗斯成功地证明了虚假共识效应的存在，并且证明了这个结论：人们习惯于根据自己作决定的方式，来推断别人是怎么作决定的。罗斯还证明，如果别人作的决定有别于自己作的决定，或者自己不会作这样的决定，人们就可能因此而否定别人，不能接受他们，或者认为他们有很多缺陷。

验证虚假独特效应

几乎没有实验证据可以证明虚假独特效应的存在。不过，在1988年，杰瑞·苏尔斯（Jerry Suls）、崔宽植（Choi K. Wan）和格伦·S. 桑德斯（Glenn S. Sanders）3人合作发表了一篇论文，探讨了虚假独特效应的现象，证明人是如何感知自己的健身行为的。

为实施这项研究工作，3位研究人员用一组大学生年龄的青年作为实验对象。他们首先假定，实验对象会认为，自己的健身行为（比如做早操）在其他有健身习惯的人群里是被普遍采用的一种健身方式，这就是虚假共识效应的现象。然后他们再假定，那些有不良生活习惯的人（比如，从来不做早操），会高估也有不良生活习惯的人的数量；那些有良好生活习惯的人（比如，坚持做早操），也会低估有良好生活习惯的人的数量。

实验结果表明，有充分的证据可以验证前两个假设，还有一些证据也验证了第三个假设。我们可以认为，那些有不良生活习惯的人，往往高估其他也有不良生活习惯的人的数量。他们抗拒任何外来干预，不愿意选择健康的生活方式；一些人甚至认为，不良的生活习惯对他们不会构成任何威胁。实验结果确实证明了虚假独特效应的存在，不过，仍然需要进一步的研究。

虚假共识效应所造成的偏见，会对社会产生严重的影响，具有十分现实的意义。虚假共识效应一个令人震惊的实例，是宗教激进主义和政治激进主义的极端观点。这些信徒可能并不认为，大部分人也有与他们相同的激进观点和信仰；不过，他们确实过高估计了这部分人的数量，这种偏见更深地扭曲了他们对周围世界的感知。

应　激

压力背后的科学

应激是面对外部刺激时的一种生理反应。外部刺激可以是心理性的，也可以是生理性的；应激状态可以是长期的，也可以是短期的。对应激的表述可以有很多方式，不过，应激不仅是一种感觉，它也会影响我们的生理状况和心理状况。在谈论应激的问题时，我们习惯性地认为，它等同于焦虑情绪；但是，应激的含义其实远远大于焦虑情绪，应激并非总是消极的反应。有两种性质不同的应激，即消极应激和积极应激，它们分别源自消极事件和积极事件。

临床定义

◎ **消极应激：**针对消极事件的应激。比如，目睹爱人的死亡、被人伤害、失去工作。

◎ **积极应激：**针对积极事件的应激。比如，观看惊悚电影、坐过山车、职场晋升。

战斗或者逃跑反应

20 世纪 20 年代，美国生理学家沃尔特·坎农（Walter Cannon）提出了一种理论，描述了动物以行为作为应激方式的情形。他把这个理论称作“战斗或者逃跑反应的理论”，也被称为急性应激理论。

按照坎农的理论，动物如果处于强烈的应激状态下（即便威胁实际上并不存在），会产生心理反应和生理反应。动物会突然释放出很多化学元素，比如，它们会释放体内的肾上腺素、去甲肾上腺素和皮质醇。这种现象导致心脏跳动加剧、呼吸急促、肌肉紧张、血管收缩，最终激发起能量，准备做出必要的反应：要么战斗，要么逃跑。这些无意识的反应受到体内 3 个系统的调节，它们是：免疫系统、内分泌系统和中枢神经系统。

汉斯·赛利的老鼠实验

匈牙利科学家汉斯·赛利（Hans Selye）在 1936 年第一次描述了应激状态对身体的影响。赛利在理论上阐述了长期的应激状态会在体内形成漫长的化学变化过程，因此，应激状态可能是导致疾病的重要因素。

赛利在麦吉尔大学生物化学系担任助手时，曾经用老鼠做过实验，在此期间，因为偶然的发现而得出了上述结论。在这之前，他参与过一项实验，负责给老鼠注射卵巢提取物，目的是观察老鼠的身体变化，以及这些变化有无可能产生新的性激素。

老鼠的身体确实出现了反应：它们的脾脏、胸腺、淋巴结以及肾上腺皮质都开始增大，十二指肠和胃黏膜出现重度出血性溃疡现象。赛利随即调整了卵巢提取物的剂量，老鼠的身体反应也随之相应地增强或者减弱。赛利当时的感觉是，他似乎发现老鼠体内产生了新的性激素。然而，后来他尝试给老鼠注射胎盘提取物和脑垂体提取物。让他感到意外的是，老鼠也做出了与之前完全相同的反应。赛利依然认为，他发现的就是新的性激素。随后，他尝试用其他器官的提取物进行了多次实验，包括肾脏和脾脏的提取物。每次实验的结果都完全相同，这让赛利感到十分困惑，他最后做了一件事情：把一种甲酚注射到老鼠的体内，结果也完全相同。

汉斯·赛利的一般适应综合征

汉斯·赛利承认，用老鼠做的实验失败了（因为他没有发现新的性激素），他开始探究是否还有其他原因导致了上述症状。几年之后，他想起自己在布拉格求学时的一次经历，当时他还是一名年轻的医学院学生。那时，很多患者抱怨肠道系统出了问题，还同时出现了全身疼痛的现象。经过进一步的检查，这些患者出现了高烧的症状，还出现了肝部和脾脏肿大、皮疹发作、扁桃体发炎等症状。一段时间之后，与特定疾病真正相关的症状才开始出现。

不管患者患了什么疾病，医生总是用千篇一律的方法予以治疗。比如，要好好休息，要吃容易消化的食物，避免在温差很大的屋子之间穿行，等等。赛利还对这种做法提出了质疑。

根据老鼠实验的结果，以及自己在医学院的工作经验，赛利确认了他后来称作“一般适应综合征”的疾病。他的理论描述了应激时的身体反应。按照他的观点，一般适应综合征的发展有 3 个阶段。

预警阶段

指体内的平衡受到压力源和外在刺激物的压力而出现紊乱现象。在这种情况下，身体首先会感到这种刺激。在这个阶段，坎农所说的或战斗或逃跑的应激机制开始启动，开始释放激素，为患者提供足够的能量，以应对眼前的压力。

从或战或逃的应激机制中所释放出来的能量，如果因为身体缺乏运动而处于闲置状态，就会对身体造成伤害。比如，过多的激素皮质醇会损害肌肉组织和细胞，甚至会导致胃溃疡、高血糖和中风。如果体内有过多的肾上腺素，大脑血管可能受到伤害，增加中风和心脏病发作的可能性。

适应阶段

身体开始与外在刺激物发生互动，并且恢复、更新和修复体内的平衡，这个过程被称作“抵御过程”。它在预警阶段开始之后就很快出现，一直延续到应激状态消失。如果应激状态一直持续，身体就一直保持兴奋状态。

如果以上过程频繁出现，患者将遇到麻烦，因为这样一来，就很少有时间甚至没有时间恢复体内的平衡。如果发生这种情况，患者就进入下个阶段。

衰竭阶段

当体内的能量消耗殆尽（包括生理能量和心理能量），无力应对压力源带来的重压，就进入了枯竭阶段。面对长期存在的压力源，这种现象尤其明显，因为在应对短期存在的压力源时，患者的能量不会全部耗尽。如果能量消耗殆尽，患者就无力应对压力源带来的压力。

由此，应激状态会不断上升，持续保持在高位。患者会出现肾上腺疲劳、能量枯竭、适应能力下降、体力透支、功能不全等症状。长期的应激状态对身体和思维的影响，同样令人震惊。器官和组织的神经细胞会受到损伤，记忆力和思维能力也会受到伤害，患者可能出现焦虑症和抑郁症的症状。高强度的应激状态还会导致风湿性关节炎、高血压以及心脏病。

自我差异理论

成就感的作用（或者缺乏成就感的后果）

1987—1999年，心理学家爱德华·托利·希金斯（Edward Tory Higgins）提出了一个概念，试图追溯产生沮丧与焦虑情绪的根源，把这个理论称为“自我差异理论（Self-Discrepancy Theory）”。按照希金斯的理论，患者如果感觉没有实现自己的雄心壮志，就会产生沮丧的情绪；如果患者觉得自己没有尽到应尽的义务和承担责任，就会产生焦虑的情绪。

自我差异理论认为，如果患者在其一生中意识到完成了目标和实现了理想，就能获得某种可靠的回报，比如，赢得别人的承认与爱戴。理想与成就如果趋于一致，就会形成一套原则体系，成为实现理想生活的指导思想。如果患者觉得自己没有实现目标的能力，他们会渐渐认识到，自己不会获得安全的回报，就会出现沮丧、焦虑和失望的情绪。

自我差异理论还认为，患者终其一生都在学习如何履行职责和义务，以避免受到惩罚，避免不幸的事情发生。随着时间的推移，这些经历会转化为一套抽象的原则，成为指导他们生活的思想。他们觉得，如果没有履行这种指导思想所规定的职责和义务，就会受到惩罚。受到惩处时的感觉就形成了焦虑和不安的情绪。

自我差异理论的证据

1997 年，希金斯和同事们共同实施了一项实验，目的是论证自我差异理论是否合理。

实验要求实验对象列举他们希望拥有的那些品质，然后再列举他们应当具有的那些品质，也就是所谓的“理想的品质”和“应有的品质”。随后，要求实验对象列举自己具有哪些品质。在实验的最后阶段，实验对象要用评估表对自己经历过的情绪做出评判，评判表把这些情绪分成 4 个等级。

实验的结果与自我差异理论的论证结果是一致的。那些认为自己没有实现理想的人，也就是实际—理想之间存在差异的人，有程度更高的沮丧情绪；那些认为自己没具备应有品质的人，也就是实际—应有之间存在差异的人，有程度更高的不安情绪。

质　疑

自我差异理论有几个复杂的因素值得关注。自我差异是否会产生上述情绪，取决于目标是不是自己选择的。希金斯认为，没有实现别人设置的目标，会产生尴尬和羞耻的情绪，却不会产生失望和沮丧的情绪。同样，没有履行别人规定的职责，会产生怨恨的情绪。

1998 年，研究人员实施了一项研究计划，旨在向自我差异理论发出质疑。这项研究计划认为，任何类型的自我差异都会产生羞耻的情绪，实际—理想之间的差异，以及实际—应当之间的差异，它们产生的实际上是沮丧的情绪，而不是焦虑的情绪。很多研究项目都试图建立自己的理论，以取代希金斯的自我差异理论，上述计划是其中的一项。一些试图替代自我差异理论的理论如下。

对金钱的期待

对很多人来说，在到手的金钱、地位和财产与期待的金钱、地位、财产之间，存在着很大的差异，这是产生沮丧情绪和不安情绪的持续性根源。获取并不断地增加财富，是人普遍的心理期待。但是，相关的研究已经表明，财富不能极大地提高人的福祉；相反，还可能对人的生活状况造成伤害。很多研究结果表明，人希望得到比目前更多的金钱，但是，这不会对人的情绪和生活满意程度产生任何影响。到手的金钱与期待到手的金钱之间的差异，对人们的福祉（情绪和生活满意程度）构成了反比的关系。

多重差异

1985年，阿里克斯·米查罗斯（Alex Michalos）创建了多元差异理论（Multiple Discrepancy Theory）。这个理论认为，人们由于三件事情而不满意或者不快乐：首先，如果一生需要的资源不同于（甚至多于）重要人物所拥有的资源（也就是社会比较差异）；其次，如果在某个时间段里获取了很多资源，以后却没有了这种机会（也就是以往比较差异）；最后，如果没有获得自己想要的资源（也就是愿望差异，类似于自我差异理论）。

不理想的自我

一些研究人员不关心实际—理想之间的差异，在他们看来，由“不理想的自我”所产生的差异，对人的情绪和生活满意程度有更重要的影响。1987 年，美国罗格斯大学教授丹尼尔 • M. 奥格尔维（Daniel M. Ogilvie）主持了一个研究项目，目标是评价实际自我、理想自我和不理想的自我之间的关系。为了对不理想的自我做出评估，实验对象要描述在最糟状况下自己的表现。这项研究发现，实际自我与不理想的自我之间的差异，与生活满意程度有着很强的关联；而实际自我与理想自我之间的差异，则与生活满意程度没有很强的关联。

根据上述研究结果而建立的理论认为，不理想的自我普遍地存在于现实生活里，而理想自我是一个十分模糊的概念，很难在实际生活中感受到它。

逃避理论

逃避理论认为，如果觉得达不到一些重要的标准，人就会产生巨大的自我差异，因而强烈地希望逃避现实的自我。逃避愿望有一些具体行为，比如过度睡眠、滥用毒品、有自杀倾向。

按照逃避理论，在试图自杀前，人们通常会经历以下几个阶段。

1．已经意识到希望的目标与自身能力之间存在极大的差异，因而感到失望和挫败。

2．把失败的原因归诸自己，而不是归诸不停变化的环境。

3．过度地关注自己，不停地评价自己的行为。这种关注进一步加剧了自己的消极情绪。

4．出现了认知解构的现象，否定以往的任何想法，逃避谈论目标，就事论事地思考问题，否认任何事情的意义。基于这种认知解构的状况，患者表现出激烈的行动、非理性的行为、消极的情绪，并且愈演愈烈。

对这些人而言，自杀成了最终的逃避方式。这个不断坠落的思维过程表明，各种的自我差异都有一种内在的力量，不论是实际自我与理想自我之间的差异，还是实际自我与不理想的自我之间的差异，都是如此。

索　引

A

ABC Model,196-97

Abraham, Karl,152

Accommodation, 108-9

Activation-synthesis model of dreaming,186

Actor/observer difference,168

Adler Alfred,44-47,119,195,217

Affordances, 77-79

Agoraphobia, 247

Ainsworth, Mary,252-56

Alcoholics Anonymous,137

Allport, Gordon,176,177

Anal Stage,22

Analytical psychology,134,137

Anchoring and adjustment heuristics,206

Antisocial personality disorder,229

Anxiety disorders,246-51

Archetypes,135-38,185

Art therapy,189-91

Asch, Solomon,37,51,57-60

Assimilation,108-9

Attachment theory,102,159-60,252-56

Attention,87-88

Attribution theory,163-68

Atypical depression,259

Availability heuristic,205-6

Avoidant personality disorder,231

B

Bandura, Albert,111-14

Bard, Philip,170

Batson, Daniel,223-26

Beck, Aaron,203

Behavioral theories of leadership,182

Behaviorism,61-64

Benedict, Ruth,119

Big Five personality traits,179

Binet, Alfred,106,126-27

Bipolar disorders,257,260-61

Bobo Doll experiment (Bandura),113-14

Body dysmorphic disorder,268

Borderline personality disorder,230
Bottom-up(data-drive) processing,73,75-76,79
Bowlby, John,158-62,252
Brain,left and right hemispheres of,143-46
Breuer, Josef,20
Bridging,203
Burlingham, Dorothy,29
Bystander effect,50

C

Cannon, Walter,170,274-75
Cannon-Bard theory,170-71,172
Carlsmith, James,96,97,98
Carlyle, Thomas,180
Castration anxiety,23
Catatonic depression,259
Cattell, Raymond,177,179
Charcot, Jean-Martin,20
Chase, Bill,215,216
Child psychoanalysis,28,31-32
Classical conditioning,8,10-13
Client-centered therapy,115
Closure, law of,83
Clustering,93-94
Cognitive behaveoral therapy,195,197,200-204
Cognitive development stages,106-10
Cognitive Dissonance Boredom Experiment (Festinger and Carlsmith),96-98
Cognitive dissonance theory,95-98
Cognitive psychology,86-94
Cognitive therapy,203-4
Collective unconscious,135,185
Compassionate and passionate love,148-49
Conditioned reflex/ response,8-9,10,11,13,63
Conditioned stimulus,10,11,63
Conformity Experiments (Asch),51,57-60
Congruence,117-18
Conscious mind,26,27
Contingency theories of leadership,180-81
Continuity, law of,82
Conversion disorder,267
Correspondent inference theory,164
Covariation model,165
Crozier, William,14
Culture bias,167
Cyclothymia,261

D

Darley, John,223-26

Darwin, Charles,99

Davis, Keith,164

Defense mechanisms,29-31,117

Denial,30

Dependent personality disorder,231

Depersonalization disorder,235-36

Depressive disorders,257-60

De Sola Pool ,Ithiel,42

Developmental Epochs,211-13

Displacement,30

Dissociative amnesia,233-34

Dissociative disorders,233-36

Dissociative fugue,234

Dissociative identity disorder,235

Distress,274

Domhoff ,G. William,187,188

Dreams,84-85,184-88

Drive reduction theory,99-101

Dynamisms,210

Dysthymia disorder,258

E

Ego,25,27,29,30,135

Eichmann, Adolf,38

Einstein, Albert,130

Electra complex,23

Ellis, Albert,195-99

Emotion,169-74

Empty chair technique,84

Ericsson, K. Anders,215,216

Erikson, Erik,217

Escape theory,282-83

Eustress,274

Extinction,16,18,19

Eysenck, Hans,178-79

F

Facial expressions study (Landis),173-74

Facial feedback theory,173-74

False consensus effect,270-72

False uniqueness effect,270,272-73

Festinger, Leon,95,96,97,98

Field theory,130

Fight or flight response,274-75

Figure-ground,83

Forty-Four Thieves Study (Bowlby),161-62

Freedom,218-20

Freud, Anna,28-32

Freud, Sigmund, 20-27,28,29-30,31,44-45,47,62, 84,93,134,135,152,153-54, 157,176,184-85,186,188,195,

208,211,217,218,219,262
Fromm, Erich,153,195,217-22
Fundamental attribution error,167

G

Gardner, Howard,125
General adaptation syndrome,276-78
General intelligence (g factor),125
Generalized anxiety disorder,251
Genital stage,23-24
Genovese, Catherine ("Kitty"),50
Gestalt psychology,80-85,130
Gibson, James,75-76,79
Good Samaritan experiment (Darley and Batson),223-26
Great man theory of leadership,180
Gregory, Richard,73-74,79
Group polarization,49
Groups, basic theories on,48-52
Groupthink,49

H

Hall, Calvin S.,186-87
Harlow, Harry,102-5,119
Hatfield, Elaine,148-49
Heidenhain, Rudolf,8
Heider, Fritz,163
Heinz Dilemma,34-35
Heroic Imagination Project (Zimbardo),53
Heuristics,205-7
Hierarchy of Needs (Maslow),120-23,175
Higgins, Edward Tory,279-81
Histrionic personality disorder,230
Hitler,Adolf (psychological profile of),138,142
Hoarding,249
Hobson, J.Allan,186
Homeostasis,99
Horney, Karen,84,152-57,195,217
Hull, Clark,99-101
Humanistic psychology,116,119-20,217
Human needs,221-22
Hypnosis,20,192-94
Hypochondriasis,267-68

I

Id,24,25,26-27,29,30
Ideal self,116,117
Inattentional blindness,88
Individual Psychology,45-46
Individuation,134,135,136
Inferiority complex,45,46
Informational influence,60

Intellectualization,30
Intelligence, theories of,124-28
Intelligence testing,126-28
Interpersonal Psychoanaly-sis,213
Interpersonal theory,209
Invariants,77
Invisible Gorilla Test (Simon),88

J

James, William,169,173
James-Lange theory,169-70
Jones, Edward,164
Jung, Carl,23,133-37,138,185,217

K

Kahneman, Daniel,205
Kelley, Harold,165-66
Kochen, Manfred,42
Koffka, Kurt,80
Kohlberg, Lawrence,33-36
Kohler, Wolfgang,57,80
Kolb, David,241-45

L

Landis, Carney,173-74
Lange, Carl,169
Language,264
Latency stage,23
Lazarus ,Arnold,201
Lazarus, Richard/Lazarus theory,172
Leadership styles,131-32
Leadership theories,180-83
Learning styles,241-45
Lee, John,149
Lewin, Kurt,129-32
Little Albert Experiment (Watson),63-64
Long-term memory,93
Love,147-51
Ludwig, Carl,8

M

Mania,260
Marx, Karl,217
Maslow,Abraham,119-23,175,217
Maternal deprivation,161-62
Mathematico-Deductive Theory of Behavior,100-101
McCarley, Robert,186
Melancholic depression,259-60
Memory,91-94,214-16
Michalos, Alex,281
Milgram, Stanley,37-43,174
Miller, George A.,214-16
Mood disorders,257-61
Moral anxiety,30
Moral development,

stages of,33-36
Multimodal Therapy,201-3
Multiple discrepancy theory,281
Multiple intelligences,125-26
Murray, Henry,138-42

N

Narcissistic personality disorder,230-31
Necker cube,74
Negative reinforcement,16
Neisser, Ulric,86
Neo-Freudians,217,218
Neuroses,153,154-57
Neurotic anxiety,30
Neutral stimulus,10,13,63
Nonconscious,26
Normative influence,60

O

Obedience study (Milgram),37,38-42,43,174
Obsessive-compulsive disorder (OCD),232,247-49
Obsessive-compulsive personality disorder,232
Oedipus complex,21,23
Ogilvie, Daniel M.,282
Operant conditioning,14,15-19
Optic flow patterns,76,77
Oral stage,22

P

Pain disorder,267
Panic disorder,246,47
Paranoid personality disorder,228
Participative theories of leadership,182
Pavlov, Ivan,8-13,14,61,99,262
Penis envy,23,154
Perls, Frederick,84
Perls, Laura,84
Personality structural models of,24-25
theories of,138-42,175-79
Personality disorders,227-32
Personal unconscious,135,185
Personifications,211-13
Phallic stage,23,154
Phobias,250-51
Piaget, Jean,34,106-10,262,263
Pleasure principle,24
Positive reinforcement,15
Postpartum depression,259
Posttraumatic stress disorder,249-50
Pragnanz, law of,81
Preconscious, 26,27,93.*see also*

Subconscious
Primary mental abilities,125
Prince, Morton,138
Problem solving,89-91
Projection,30
Proximity, law of,82
Pseudopatients experiment (Rosenhan),237-39
Psychogenic needs, theory of,139-40
Psychosexual development stages,21-24,154,208
Psychotic major depression,258
Punishment,16

R

Rational Emotive Behavior Therapy (REBT),195-99,201
Rationalization,30
Raynor, Rosalie,63,64
Reaction formation,31
Reality anxiety,29
Reality principle,25
Reciprocal teaching,264-65
Recoding,215-16
Regression,31
Reinforcement schedules,18-19
Representativeness heuristic,206-7
Repression,31
Rhesus monkey experiments (Harlow),102,103-5
Rogers, Carl,115-18
Rorschach, Hermann,65-66
Rorschach Test,65-72
Rosenhan, David/Rosenhan Experiment,237-40
Ross, Helen,29
Ross, Lee,270-73
Rubin, Zick,147-48

S

Sanders, Glenn S.,272
Schachter, Stanley,171
Schachter-Singer (two-factor) Theory,171-72
Schemas,108
Schizoid personality disorder,228-29
Schizotypal personality disorder,229
Seasonal affective disorder (SAP),258
Self-actualization,116-17,121-22,123
Self-discrepancy theory,279-83
Self-serving bias,167
Selye, Hans,275-76

Sensory memory,92,93
Short-term(active) memory,92,93,214-15
Similarity, law of,81
Simon, Daniel,88
Simon, Herbert,215,216
Simon, Theodore,126
Singer, Jerome E.,171
Situational theories of leadership,181-82
Six styles of love,149
Sixteen personality factors,177-78
Skinner, B. F.,14-19,262
Skinner Box (operant conditioning chamber),14,15-17
Small World Experiment (Milgram),42-43
Smith, Sydney,215
Social anxiety disorder,250
Social development theory,262-64
Social facilitation,48-49
Social learning theory,111-14
Social psychology,57,130,132
Social unconscious,220
Somatization disorder (Briquet's syndrome),266
Somatoform disorder not otherwise specified (NOS),268
Somatoform disorders,266-69
Spearman, Charles,125
Sperry, Roger,143,145
Split-brain experiments (Sperry),143,145
Stanford Prison Experiment (Zimbardo),53-56
Sternberg, Robert,126,150-51
Stimulus generalization,64
Strange Situation Classification (SSC),252-56
Stress,274-78
Structural models of personality,24-25
Subconscious,26,192-93
See also Preconscious
Sublimation,31
Suicide,219,258,282-83
Sullivan, Harry Stack,153,208-13
Suls, Jerry,272
Superego,25,26,29,30
Superiority complex,46
Symbiotic families,220

T

Terman, Lewis,127
Thematic Apperception Test (TAT),138,141,142
Three dimensions of personality,178-79

Thurstone, Louis L.,125
Tomkins, Silvan,173
Top-down processing,73-74,79
Tracking,203
Trait theories
of leadership,181
of personality,175-79
Transactional (management)
theories of leadership,183
Transformational (relationship)
theories of leadership,182-83
Triangular theory of love,150-51
Triarchic theory of intelligence,126
Tuersky,Amos,205

U

Unconditioned reflex/
response,10,11,63
Unconditioned
stimulus,10,11,13,63
Unconscious,26-27,93
Undesired self,282
Undifferentiated somatoform
disorder,267

V

Visual perception,73-79
Vygotsky, Lev,262-65

W

Wan, Choi K.,272
Watson, John B.,14,61-64,99
Wechsler, David,127-28
Weiner, Bernard,166-67
Wertheimer, Max,57,80,119
Withdrawing families,220
Womb envy,154
Women,Psychology of,153-54
Wundt, Wilhelm,7

Y

Yerkes, Robert,127

Z

Zimbardo, Philip,53-56
Zone of Proximal Development
(ZPD),262,263-64

再版译后记

《人人都能懂的心理学》是一本心理学的科普读物，介绍心理学领域的基本知识和研究成果。全书 56 个章节，每个章节叙述一个主题。全书的主题可以概括为三个类别：心理学家介绍、心理学主要理论介绍以及相关的专题研究。三个类别是交叉编排的。

本书介绍了对心理学发展作出重要贡献的主要人物，既有西格蒙德·弗洛伊德以及让·皮亚杰这样大名鼎鼎的心理学家，也有逝世几十年后才被西方社会认识的俄罗斯心理学家利维·维果斯基。对他们的介绍围绕以下几方面而展开，即履历、职业生涯、研究课题和主要研究成果、批评与不足，对心理学发展的影响等。

本书介绍了心理学的主要流派和理论，比如完形心理学、认知心理学、智力理论等，还包括心理学理论对具体心理现象的研究成果，比如领导力理论、群体基本理论等，这些研究成果通常凝聚着很多心理学家的研究成果，在一定程度上弥补了介绍单个心理学家所带来的局限性，同时也强化了对特定理论的深度阐述。

本书对一些心理现象及其研究也做了专题性的介绍，比如爱、情绪、人格等，也介绍了与心理发展有关的人类大脑结构，以及一些具有特殊意义的心理学实验，比如慈善撒玛利亚人实验、罗森汉实验（在介绍心理学家的各个章节里，也有对其设计的心理学实验的介绍）。这部分内容可以帮助读者加深对特定心理现象的认识和理解。

本书的写作有两个突出的特点。一、用简明概括的笔法，介绍了心理学学科的基本面貌，摆脱了普通教科书枯燥乏味的风格，也避开了大量的理论术语和统计数据，读者容易读懂，也容易由此而入门；二、全景式地介绍了心理学的基本知识，包括主要的代表人物、主要理论流派以及重要的研究课题，如果把心理学形容为一棵大树，这本书就是画出了大树的主干枝节，给读者留出了足够的空间，让他们进一步探索大树的细枝和绿叶。

对普通读者来说，阅读这本书，了解心理学的基本知识，可以更好地理解人性，更好地理解自己和他人，进而更好地理解社会；对有志于进一步学习心理学的读者来说，它也为他们提供了前行的线索和路径，在学习心理学理论、探索心理现象的过程中，有一个大致的方向。

2022 年 3 月 23 日